世界经典轻武器大揭秘

【英】克里斯·麦克纳布（Chris McNab） 编著

田洪刚 王刚 刘芳 丁士拥 郑毅 张波 蔡苒苒 译

机械工业出版社

CHINA MACHINE PRESS

自 15 世纪火绳枪诞生以来，轻武器使战争形态发生了革命性的变化。从那时起，枪支技术的发展界定了新的步兵战术，在 21 世纪的军事战略中仍起到关键作用。

《世界经典轻武器大揭秘》介绍了 140 多年来世界上著名的 52 款枪支。从 1878 年加特林机枪开始，本书涵盖了第一次世界大战、第二次世界大战、冷战，一直到巴尔干、高加索和中东战争中出现过的枪支，包括新版的现代轻武器，例如 M110 半自动狙击步枪、SCAR 突击步枪等。

本书介绍了每一款轻武器的发展历史、装备情况、主要特点和技术指标等，还配有 200 多幅插图和照片，为军事历史学家和军事爱好者描绘了一部形象生动的轻武器发展史。

图书在版编目（CIP）数据

世界经典轻武器大揭秘 /（英）克里斯·麦克纳布（Chris McNab）编著；田洪刚等译 .—北京：机械工业出版社，2021.6（2023.1 重印）
书名原文：The World's Greatest Small Arms
ISBN 978-7-111-68872-3

Ⅰ . ①世… Ⅱ . ①克… ②田… Ⅲ . ①轻武器 – 介绍 – 世界 Ⅳ . ① E922

中国版本图书馆 CIP 数据核字（2021）第 157986 号

机械工业出版社（北京市百万庄大街 22 号　邮政编码 100037）
策划编辑：李　军　责任编辑：李　军
责任校对：王　欣　责任印制：张　博
北京华联印刷有限公司印刷
2023 年 1 月第 1 版第 2 次印刷
184mm×260mm·13.5 印张·2 插页·326 千字
标准书号：ISBN 978-7-111-68872-3
定价：99.90 元

电话服务　　　　　　　　　网络服务
客服电话：010-88361066　　机 工 官 网：www.cmpbook.com
　　　　　010-88379833　　机 工 官 博：weibo.com/cmp1952
　　　　　010-68326294　　金 书 网：www.golden-book.com
封底无防伪标均为盗版　　　机工教育服务网：www.cmpedu.com

目录

CONTENTS

引言

　　枪是人类智慧的结晶，是令人赞叹的杰作。它们改变了历史，在赋予无数人以力量的同时，也带给人们极大的伤害。

　　对于大多数老百姓来说，很难想象枪对于一个士兵或执法人员在情感和现实上的重要意义。现实生活中，生活必需品随处可见——一台计算机、一辆汽车、一个电热水壶……

　　想象有这样一种东西，生命完全依赖于它，

这就是枪对于很多人的意义。就像汽车或公共交通工具突然出现故障，将在一定范围内影响到人们的正常生活。对战场上正在遭受持续猛烈攻击的士兵来说，枪是唯一能够阻止敌人接近的武器。

1945 年，一名美国海军陆战队员在冲绳手持汤普森 M1A1 冲锋枪准备射击。他的战友手持勃朗宁自动步枪。

在战场上，如果枪支突然发生故障，而又不能在几秒钟内排除，这意味着使用者可能会因此失去生命。这就是军人或警察需要一把非常可靠、可以完全信赖的枪支的原因。

内容与作用

在本书中，我们整理了一些历史上著名的枪支，数百万士兵曾经将生命托付给它们。这并不代表它们具有完美的性能。其实，许多枪支在发展和使用过程中都出现过很多问题，例如M16、M60和SA80枪族。无论是在世界大战的背景下，还是在冷战以后，它们都经历了广泛的应用和严峻的考验。

本书对每种枪支的介绍都涉及一个共同的问题，就是枪支的可靠性。枪支必须可靠稳定地工作，才能算作一种良好的制式武器。此外，枪支不能仅在靶场环境中表现良好，而且必须经受泥土、沙子、灰尘和碎石等复杂作战环境的考验。本书介绍的枪支中，AK-47步枪就是可靠性的标杆，这使它成为历史上产量较高的枪支之一。

另一个问题是枪支的射击精准度。战场上的枪支不能像廉价的气枪那样失准。它必须能够使用匹配的子弹，在有效射程内精准地射击目标。射击精准度必须与火力相匹配。显然，火力需求会随着武器类型和用途的不同而变化，例如，狙击步枪需要进行远距离单发射击，而冲锋枪则必须进行近距离快速射击。

枪支设计最重要的要素是适合大规模批量生产。制造商可以投入数百万美元来制造一款最顶

一名装备精良的以色列士兵携带两把最先进的武器——加利尔突击步枪和FN MAG通用机枪。

尖的武器，实现各种最先进的功能，但是如果不能合理控制成本，那就没有太多现实意义。在本书中，像司登冲锋枪、M3冲锋枪和MP40冲锋枪等武器，最大的优点是适合大规模批量生产，在紧急情况下能够快速、大量地装备部队。

现存枪支种类和型号数以万计，本书不能一一列举。无论从武器发展史还是使用者评价的角度，本书中所选的枪支都具有十分重要的意义。

第一章 两次世界大战期间的轻武器

　　1914—1945 年，世界经历了史无前例的战争冲突。百万大军在几周内动员集结，并在同样紧急的情况下武装备战。两次世界大战中使用的枪支都需要大规模生产，因此没有太复杂巧妙的设计。许多枪支具备先进的火力技术，设计师们建立的枪支模型仍然影响着现代枪支的设计。

左图：苏联士兵手持 PPS-43 冲锋枪。PPS-43 冲锋枪每分钟可以发射600 发 7.62mm x 25mm 托卡列夫手枪子弹。它的廉价版本——波波沙冲锋枪，战争后期生产了约 200 万支，用来装备苏联红军。

加特林机枪（1878）

加特林机枪开启了真正意义上的轻武器革命，它是 19 世纪最成功的手摇式机枪，其工作原理至今仍应用在电驱动枪型上。

19 世纪，一体式金属子弹的发展改变了战争规则。随着轻武器转向后膛装弹，弹药所有的部件都集成在一个装置中，过去从枪口分别装火帽、火药和子弹的装弹方式一去不复返。使用一体式子弹的枪支具备更强的火力、更好的可靠性、更远的射程、更快的射击速度。美国发明家理查

1878 型加特林 (Gatling)10 联装枪管每分钟可以发射 300 发子弹。

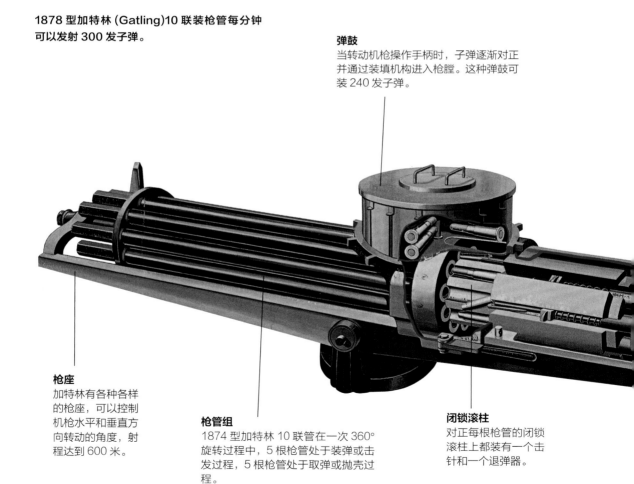

弹鼓
当转动机枪操作手柄时，子弹逐渐对正并通过装填机构进入枪膛。这种弹鼓可装 240 发子弹。

枪座
加特林有各种各样的枪座，可以控制机枪水平和垂直方向转动的角度，射程达到 600 米。

枪管组
1874 型加特林 10 联管在一次 360°旋转过程中，5 根枪管处于装弹或击发过程，5 根枪管处于取弹或抛壳过程。

闭锁滚柱
对正每根枪管的闭锁滚柱上都装有一个击针和一个退弹器。

德·乔丹·加特林 (1818—1903) 认识到一体式子弹的发展潜力，通过创新取得了很多成果，并主要应用在军事领域。1861 年，美国内战爆发，加特林开始设计轻武器。

加特林的目标是研制一种可以单人操作的速射武器，然而他并不是从零开始。18 世纪以来，各式各样的多管齐射枪支先后出现，比较典型的有笨拙的单管左轮手枪和多管齐射枪。1862 年 11 月，当加特林机枪出现在美国第 36836 号专利上时，情况就完全不同了。加特林机枪 6 根枪管围绕一个轴旋转，通过手动转动手摇曲柄来提供旋转动力。与枪管相对应的是一个枪机组件，里面有 6 个枪机，每个枪机上都有一个弹簧击锤。它所使用的 0.58 英寸口径子弹早期是纸壳子弹，

这是一挺装在骆驼上用于非洲部落冲突的 1878 型加特林机枪。Broadfield 弹鼓装有 400 发 0.45 英寸 -70 英寸口径子弹，这款 10 管机枪重量为 34 千克。

曲柄机构
保险、托弹板和枪管安装在同一根纵轴上，这意味着在转动曲柄时，主要操作部件处于一条直线上。

每发子弹被装填在钢制枪膛内。子弹装在机枪左侧弹鼓中。当转动 1862 型机枪手柄时，装填机构从弹鼓中取出子弹，并将子弹对准枪管和相应的枪机装置。随着枪管继续转动，榫依次接触闭锁枪机，榫的头部绕着一个斜面转动并向后推动枪机、压缩击针弹簧。当枪管和闭锁枪机转动到接近时钟 12 点位置时，位于枪机后部吸收后坐力的一个楔块把闭锁枪机紧紧地顶在枪管上，构成了燃气密封装置。然后释放击针，击发子弹，继续旋转，弹壳从另一侧抛出。工作原理听起来很繁琐，但整个射击过程是按 6 个枪管依次进行的，射速达到每分钟 200 发。由于只在某一固定的时间点击发，每个枪管再次击发前都有时间冷却，因此降低了弹药自燃的可能性。理论上，一个机枪手的火力相当于约 60 名步枪手的火力总和。

　　虽然加特林机枪开启了一场革命，但是 1862 型也有一些缺点。尽管 0.58 英寸钢质缘发式子弹使枪的性能得到了一定改善，但是弹药和枪机的布置方式导致了严重的火药燃烧气体泄漏。1865 型机枪作为主要改进枪型，意义重大。这种型号的机枪使用的是中心发火式子弹，枪机保险经过

1893 型加特林"Bulldog"是加特林机枪系列的最后一个型号，是一种口径为 0.40 英寸或 0.44 英寸的紧凑枪型，重量仅为 20 千克，枪管长 457 毫米。

改进，可以将子弹推入位于枪管后方的枪膛，并在枪管旋转到时钟 6 点位置时击发。该机枪比之前的型号更可靠，用黄铜子弹直接装入枪膛有效解决了枪膛的气密性问题。

　　加特林机枪另一个飞跃是 1874 型 10 管机枪，由于重量轻，可以安装在骆驼上射击或放在马背上运输，因而被称为骆驼枪。在该枪 1872 年的专利中，增加了弹簧点火销，枪机闭锁装置明显缩短，从而减轻了机枪重量。通过安装在中心线上的大型 Broadwell 弹鼓供弹，射击过程中非常可靠，可以在超过 600 米的有效射程上提供 300 发 / 分钟的强大火力。上面所列的加特林机枪型号并不完整，加特林机枪逐步在美国、英国、俄罗斯、日本、土耳其和西班牙军队中服役，口径从 0.45 英寸到 1 英寸不等。美国版 1 英寸枪型

技术参数（1878）

尺　　寸	长度：965 毫米 枪管长度：610 毫米
重　　量	34 千克
口　　径	0.45 英寸
操作方式	手动
供　　弹	400 发弹鼓
初　　速	400 米 / 秒
射　　程	600 米
射　　速	300 发 / 分钟

甚至可发射 15 发 0.25 英寸口径的子弹。

最初主要由于劣质弹药导致可靠性较差，加特林机枪的声誉并不好，但随着弹药和设计的不断改进，此枪最终成为非洲、亚洲和美洲的战争赢家。

19 世纪 80 年代，在阿富汗，英国军队军人站在加特林机枪旁。高射速的加特林机枪在对抗大规模冲突的部落战斗中发挥了重要作用。

舰载加特林机枪

早期，机枪更多地被认为是一种火炮，而不是轻武器家族的一员。因此，英国皇家海军和美国海军都在甲板上安装了加特林机枪，以增强 1000 米范围内的海军舰载火力。

例如，在美国内战（1861—1865 年）期间，联邦内河炮艇装备了 8 挺加特林机枪用来向岸上射击或攻击邦联船只。皇家海军在战船甲板上安装了 0.65 英寸口径的加特林机枪，作为阻止敌人接近的重要武器。1882 年，加特林机枪也被用于亚历山大炮击行动中向埃及堡垒实施猛烈的火力打击。值得注意的是，海军旅和皇家海军陆战队也使用加特林机枪，为岸上行动提供强大的火力支援。

毛瑟 C/96 手枪（1895）

毛瑟 C/96 手枪表面上看起来有些笨拙，其实是一种强大、稳定和精准的武器。历史上很少有其他手枪能够与之媲美。

19 世纪 90 年代，随着自动手枪设计的兴起，费德勒三兄弟开始着手一个重要的设计。他们当时是奥本多夫毛瑟公司的雇员。1894—1895 年，他们研发了一把形状独特的手枪，使用 7.65 毫米口径博萨子弹。这是一种短行程后坐武器，它的弹匣位于机匣前部，可容纳 10 发子弹。

右图 :C/96 手枪相对较重，空枪重达 1.25 千克，然而其重量有助于吸收 7.63 毫米和 9 毫米口径子弹的后坐力。

上图：毛瑟 C/96 枪机处于后部位置（注意击针的击发方式）和一个为弹匣装弹的弹夹。

该枪使用容量为 6 发或 10 发子弹的弹匣，从机匣顶部的装弹（抛壳）孔插入弹匣，将枪栓拉到后方打开装弹（抛壳）孔。一个硕大的马刺形击锤和一个绰号为"扫帚把"的叶状握把都位于枪身后部。费德勒三兄弟的老板彼得·保罗·毛瑟对这种型号的轻武器印象深刻，于是在 1896 年以毛瑟 C/96 命名并投入生产。此时，7.62 毫米口径博萨子弹已经被 7.63 毫米 x 25 毫米毛瑟子弹取代。

销售C/96

研发枪支和销售枪支是截然不同的两件事。

子弹
7.63毫米 x 25毫米毛瑟枪子弹，重量为 5.57 克。

短后坐
后坐时，枪管和枪机会同时后坐一小段距离后分离，枪机继续后坐到停止位置。

击锤
早期 C/96 枪型，击锤体积较大，射击时容易挡住射手的瞄准视线。

弹匣
装弹时，向后拉动枪机打开枪膛，子弹从弹夹向下压入弹匣。

C/96 的枪托设计非常巧妙。当不作为枪托安装在手枪握把上时，可作为枪套使用。

由于德国军方更青睐鲁格帕拉贝鲁姆手枪，毛瑟试图将 C/96 推销给德国军方的计划并没有成功。因此，外贸成为初期最有成效的销售渠道。英国以私人购买的方式采购了相当数量的毛瑟手枪。1898 年英军入侵苏丹期间，年轻的丘吉尔使用的就是毛瑟 C/96 手枪。意大利、波斯、土耳其和俄国也为毛瑟手枪提供了市场，他们发现这是一

种射击性能优良、可靠性强的手枪。139 毫米长的枪管，使子弹初速达到 434 米 / 秒。1903 年生产的毛瑟 C/96 手枪安装了木质枪托，有效射程超过 100 米，是普通手枪的 2 倍多。

新的机遇

从 1896 年到 1914 年第一次世界大战爆发，毛瑟 C/96 手枪经过了多次改良。枪机上增加了一个额外的保险销，改进了保险机构，安全性得以提高。这些改良并没有大幅提升毛瑟 C/96 手枪的销量，然而第一次世界大战从根本上改变了这款枪的命运。

战场上，德国当局很快就面临着对小型枪支的大量需求。德国不仅购买了所有的毛瑟 C/96 手枪，还要求生产可以使用 9 毫米口径帕拉贝鲁姆子弹的毛瑟手枪。为此，毛瑟做了必要的改良设计，1915 年开始毛瑟生产了 15 万把 9 毫米口径的手枪，这种手枪握把上刻着一个大大的红色数字"9"。这使得毛瑟 C/96 在整个战争期间能够很好地装备德国部队，在战争结束时仍有大量

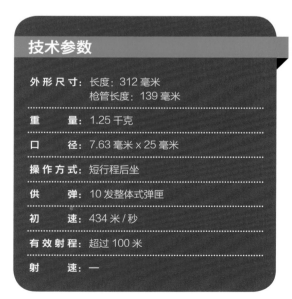

技术参数

外形尺寸	长度：312 毫米 枪管长度：139 毫米
重　量	1.25 千克
口　径	7.63 毫米 x 25 毫米
操作方式	短行程后坐
供　弹	10 发整体式弹匣
初　速	434 米 / 秒
有效射程	超过 100 米
射　速	一

美国电影制片人卡尔·福尔曼与丘吉尔在布尔战争中使用过的毛瑟 C/96 手枪合影。

手枪的精准度

在好莱坞电影中，许多电影明星用手枪射击 100 米以外的目标。实际上，手枪射程超过 25 米后精准度变差。这有多方面的原因。比如弹药装得少但口径大导致子弹初速低，弹道会迅速下落；枪管非常短，通常在 100 ~ 127 毫米之间，瞄准时非常微小的偏差就会产生很大的弹着点分布；再加上握把持枪导致枪身稳定性差等。射手将缺口照门对准移动目标，用手枪进行精准射击，运气和判断力同等重要。神枪手通过更加稳定的双手持枪以及大量的训练来提高手枪射击的精准度。相比之下，毛瑟 C/96 提供了一个枪托能够有效提高射击精准度。

库存。

20 世纪 20—30 年代，对毛瑟 C/96 进行了一些重要的改进。为了规避《凡尔赛条约》对手枪枪管长度和口径的限制，Bolo 型将口径调整为 7.63 毫米，枪管长度缩短到 99 毫米。20 世纪 30 年代，毛瑟公司注意到西班牙一些枪械制造商生产了能全自动射击的毛瑟 C/96 仿制品。毛瑟公司正式生产了 M712 型作为回应，可装 10 发或 20 发可拆卸弹匣，并通过机匣左侧的杆状快慢机切换射击模式。全自动射击时，射速达到惊人的每分钟 850 发。1936 年生产了改进型，采用更方便的快慢机。20 世纪 70 年代后期，中国生产的 C/96 枪型借鉴了毛瑟 C/96 的设计。

毛瑟 C/96 手枪一直是一款令人着迷的武器。然而与鲁格手枪一样，要想让它可靠稳定地连续射击，必须经常进行维护保养。

李 – 恩菲尔德短步枪（1903）

李 – 恩菲尔德短步枪是典型的栓动步枪，1903 年问世，其在第一次世界大战中的突出表现让最初质疑它的军方人士瞠目结舌。

李–恩菲尔德短步枪是李–恩菲尔德枪族的标志性步枪。与当时的步枪几乎没有相似之处。在李–恩菲尔德短步枪之前，英国军用步枪通常有两种类型：一种是用于远距离狙击的标准长度步枪，另一种是用于骑兵和其他特殊需求士兵的短卡宾枪。

李–恩菲尔德短步枪试图作为士兵的通用步枪，名字中的"短"是指长度介于标准长度步枪和卡宾枪之间。1888 年的李–梅特福 Mk I 步枪长 1257 毫米，而 Mk I 卡宾枪的版本长 1014 毫

李 – 恩菲尔德短步枪有一个短而粗的枪口，一眼就能认出来。

栓式枪机
当枪栓闭锁时，李–恩菲尔德步枪击针翘起，后置枪机意味着枪栓手柄离射手更近。

步枪枪托
李–恩菲尔德短步枪的独特之处在于它的木制枪托一直延伸到枪身前面。刺刀头突出在步枪的前部，位于枪口下面。

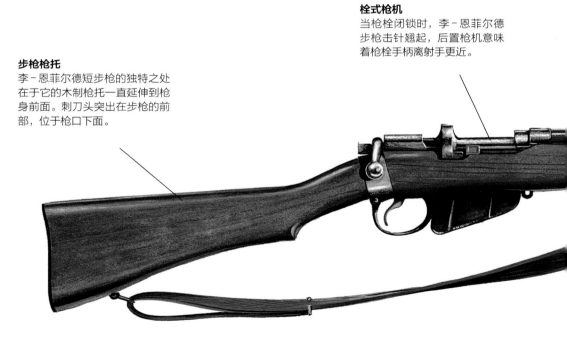

李－恩菲尔德短步枪的枪机运动方式、扳机机构和弹匣的剖面图。当子弹上膛后，枪机后部方形块位于后部，表明步枪已经做好射击准备。

托弹簧
李－恩菲尔德短步枪的弹匣可容纳 10 发子弹，通过两个 5 发装填器装弹。

瞄准具
李－恩菲尔德 Mk I 步枪的瞄准具可以调节风偏与射程。射程以 23 米为调节间隔，可以在 183~1830 米范围调节。

准星
有护翼，可保护准星免受破坏。

背带
可调节的背带由织物制成，它标志着英国设备制造业从皮革到织物的转变。

两支在第一次世界大战中使用过的李－恩菲尔德短步枪。枪口处有一个榴弹发射器。将枪身和枪托绑在一起可防止步枪受到外部压力而开裂。

米。然而，李－恩菲尔德短步枪的长度为 1132 毫米。弹匣可容纳 10 发 0.303 英寸大威力子弹。

流畅的表现者

李－恩菲尔德短步枪的出现，在轻武器专家中引起了不小的争议。许多人认为，它既不是标准

技术参数（SMLE MK III）

外形尺寸	长度：1132 毫米 枪管长度：640 毫米
重 量	3.94 千克
口 径	0.303 英寸
操作方式	栓动枪机
供 弹	10 发可拆卸弹匣
初 速	617 米 / 秒
射 程	600 米
射 速	—

长度步枪，也不是卡宾枪，所以既不能担负标准长度步枪的作用，也不能担负卡宾枪的作用。然而事实上，李－恩菲尔德短步枪在第一次世界大战期间经过战争的不断检验，逐步展示了它在战场上的作用和地位。枪身非常坚固，尤其是木制枪托一直延伸到枪口，使步枪具有独特的短管外观。在堑壕战中，步枪的中等尺寸成为一个特殊优势，枪身长度便于操作，更适合在狭窄的地形中作战。其枪栓动作流畅，在一个训练有素的步兵手中，李－恩菲尔德短步枪每分钟可以发射 15 发子弹。

在射击威力和射击精度方面，李－恩菲尔德短步枪也不差。枪管 640 毫米长，发射 0.303 英寸子弹，初速达到每秒 617 米。与现代突击步枪相比，速度并不算高，但较重的子弹 (11.27 克) 让它具有良好的射程，必要时士兵能够射击 600 米外的目标。就实战而言，这已满足了所有的射击距离要求。李－恩菲尔德短步枪弹匣容量可达 10 发，比德国的 Gew98 式步枪多 5 发。将两个 5 发的装弹器通过打开的枪机压进弹匣，然后关闭

第一次世界大战期间，英国士兵在西线战场上俘虏了两名德国士兵。安装 1907 型刺刀后，李－恩菲尔德短步枪变长了一些。

刺刀

在李－恩菲尔德短步枪之前，英国步枪的刺刀主要是 1903 型，其特点是刀刃长 305 毫米，十字护手上有一个孔。陆军部决定增加李－恩菲尔德短步枪刺刀长度。1907 型刺刀刀身长度超过 432 毫米，增加了强度，减轻了重量。最初的型号带一个钩状弯曲挡杆，用来诱捕和别断敌人的刺刀，这个设计达到预期的目标，但最终在 1913 年被放弃。加上其他调整变化，这种刺刀在 1926 年定型为 Mk I 型刺刀，并在第二次世界大战中投入使用。虽然过长的刺刀对敌人造成一定威胁，但战后的研究表明，它们造成的实际伤亡并不多。

枪栓使第一发子弹上膛。

李－恩菲尔德短步枪的主要改进型是 1907 年 1 月问世的李－恩菲尔德 Mk III 型步枪。准星从原来的倒 V 形，变成了一个简单的锯齿形。采用 U 形缺口照门，可通过一个调整蜗轮对准准星，表尺的可调距离增加到 1830 米。Mk I 和 Mk II 步枪都采用 V 形缺口照门。正如许多不幸的德国士兵所发现的那样，这种瞄准具赋予英国和英联邦国家步兵快速捕获目标的能力，同时步枪提供了致命的火力。

斯普林菲尔德 M1903 步枪（1903）

斯普林菲尔德 M1903 步枪是美国轻武器发展史上的一个传奇，它使用新一代高压子弹。

19 世纪下半叶是轻武器发展的鼎盛时期。这一时期不仅预示着从枪口装弹到后膛装弹的重要转变，而且也见证了一体式金属子弹的改进、机枪的诞生、栓动步枪的发展和高效无烟火药的产生。世界各国军队都试图为自己的士兵找到更合适的轻武器，这同时给他们带来了困扰和反思。

美国陆军也不例外，1892 年装备了栓动式克拉－乔根森步枪，但到 19 世纪末，这种步枪的

这是早期型号的斯普林菲尔德 M1903 步枪，被认为是纯正的英式步枪。1929 年 12 月推出的 M1903A1 步枪采用了半手枪握把。

梯形表尺
0.30 英寸型 M1903 的后置梯形表尺的刻度是 2195 米，如果将梯形表尺放平，士兵利用简单的缺口照门就能瞄准 500 米的目标。

栓动枪机
M1903 的枪机工作方式源自毛瑟步枪，有两个主保险销和一个安全销。

扳机组件
M1903 的扳机组件基本上是早期的克拉－乔根森步枪样式。

局限性愈发明显。枪栓前部有一个保险销，不能使用高膛压火药。此外，笨拙的侧装弹匣系统远不如当时最先进的德国毛瑟步枪的弹匣系统。

在 1898 年美西战争之后，美国军械管理局开始积极寻找替代品。新型步枪必须能使用新型子弹，一种 0.30 英寸口径、14.25 克重的圆头子弹射击初速达到 700 米 / 秒。

毛瑟 M93 为两种枪栓系统提供了设计灵感，

子弹上膛
枪膛内是一发 0.30 英寸口径子弹。

弹匣
斯普林菲尔德配备了一个弹匣阻断装置，以保持弹仓内的弹药量。

枪管
M1903 型枪管长 610 毫米，有 4 条右旋膛线。

斯普林菲尔德 M1903A4 是 M1903 狙击枪型。这种步枪没有机械瞄准具，使用光学瞄准具。

它的枪栓前部有两个坚固的保险销，后部还有一个保险销，采用可通过五发弹匣快速装弹的弹匣系统。1900 年的试验取得了振奋人心的结果，但是凸缘式子弹出现了问题，后来研制出一种无缘子弹来代替它。试制版枪支有不同的枪管长度，1903 年的最终版本被威廉·克罗齐尔将军批准作为美军制式步枪。该步枪由斯普林菲尔德兵工厂生产，因此被称为斯普林菲尔德 M1903 步枪。还有一些步枪是在洛克岛兵工厂生产的。

问题和解决办法

虽然已经对 M1903 步枪进行了完整的测试，但是批量生产时仍然存在一个严重的问题。新型火药产生的较高射速在枪管前部几英寸处造成了膛线侵蚀；当发射 1000 发子弹后，枪膛前面的膛线基本磨平了。调整膛线旋向和发射药装药并没有解决问题，但从另一个方向找到了解决办法。与此同时，德国人研制出了一种新型 7.92 毫米口径的尖头子弹，很轻且射速快，弹道更为平直。

美国军械管理局也生产了他们自己的版本，9.7 克的铜镍子弹，使用杜邦火药，燃烧温度更低。新型子弹的射击初速为每秒 823 米，有效射程超过 1000 米，而且对 M1903 的枪管基本没有损害，完美的枪弹组合找到了。1906 年 0.30 英寸口径的子弹成为著名的 0.30-06 型子弹，至今仍在运动步枪和军用步枪中使用。

斯普林菲尔德 M1903 步枪在第一次世界大战和第二次世界大战期间投入使用，到 20 世纪 40 年代早期被美军制式步枪 M1 加兰德半自动步枪取代。1942 年 5 月问世的 M1903A3 是第二次世界大战中使用最后一款改进型斯普林菲尔德步枪，用觇孔式瞄准具替代缺口式瞄准具。在

技术参数

尺　寸：	长度：1097 毫米
	枪管长度：610 毫米
重　量：	3.94 千克
口　径：	0.30 英寸
操作方式：	短后坐
供　弹：	5 发整体式弹匣
初　速：	823 米/秒
射　程：	1000 米
射　速：	一

美国步兵已经做好了部署到西线的准备，斯普林菲尔德步枪架在他们面前，上面挂着步兵编织装备和水壶。

佩德森装置

斯普林菲尔德 M1903 步枪损失最大、耗费最高的一次尝试是研发佩德森退弹装置，试图把 M1903 变成半自动步枪，提供压制火力。该退弹装置安装在弹匣上，以雷明顿设计师约翰·佩德森的名字命名，与机匣成 45° 角，取代了 M1903 拉枪栓的动作。该步枪使用的是与 0.32ACP 子弹类似的 0.30 英寸口径子弹。改装后的步枪被命名为 M1903 Mk I 型，然而这次改进非常失败。实战条件下，这个退弹装置不仅使步枪变得更加笨拙，而且使子弹初速下降到每秒 395 米。对步枪稳定性和射击精准度也产生了很大影响。大约生产了 65000 个佩德森装置，但多数最终被销毁。

20 世纪 50 年代，甚至在 20 世纪六七十年代的越南战争期间，仍然可以看到 M1903 步枪的身影，尤其是 M1903A4 狙击枪型。它本质上是一个标准的 M1903，配备了永久式伸缩瞄准具模块。没有安装机械瞄准具，通常安装 Weaver 公司的 M73B1 光学瞄准具。枪栓拉柄也做了相应改进，以避免在拉枪栓时对瞄准具产生干扰。

极具天赋的狙击手在 1500 米以外进行狙击，使成千上万的德国和日本士兵倒在了这款精准步枪下。

斯普林菲尔德步枪是一种非常可靠的武器，士兵将它视之为生命的一部分。但它的重量并不轻，空枪重 3.94 千克，5 发弹匣在第二次世界大战结束后显得相当落后。尽管如此，从寒冷泥泞的第一次世界大战西线战场，到炎热潮湿的第二次世界大战太平洋战场，斯普林菲尔德步枪经历了复杂战争环境下的检验。

帕拉贝鲁姆手枪（1908）

臭名昭著的鲁格 P-08 手枪是第二次世界大战期间与德国作战的盟军官兵梦寐以求的武器，外形和射击动作上具有很强的辨识度。

鲁格 P-08 手枪经历了一个漫长而复杂的发展过程，可以追溯到半自动手枪的早期。它的前身是 1893 年雨果·博夏特为柏林路德维希－洛伊公司设计的重型博夏特 C-93 手枪。发射 7.65 毫米 x 25 毫米博夏特子弹，该手枪革命性地采用了马克沁机枪的肘节闭锁系统，握把可插入一个可容纳 8 发子弹的可拆卸弹匣。

博夏特后来被更美观高效的毛瑟 C/96 手枪所取代，但肘节闭锁手枪的原理又被格奥尔格·鲁格

右图：这张剖面图显示了鲁格手枪的简洁设计。肘节闭锁系统已经在马克沁机枪和维克斯机枪的设计中得到了验证，被鲁格应用到了手枪上。

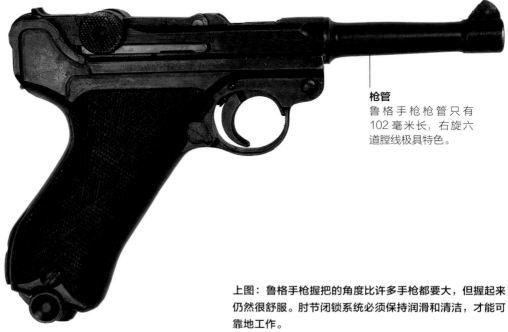

枪管
鲁格手枪枪管只有 102 毫米长，右旋六道膛线极具特色。

上图：鲁格手枪握把的角度比许多手枪都要大，但握起来仍然很舒服。肘节闭锁系统必须保持润滑和清洁，才能可靠地工作。

沿用，他是德国法布里克武装弹药公司（DWM，1896 年被洛伊公司命名）的设计师。鲁格在 19 世纪 90 年代末开始研制新型手枪，他的第一把手枪于 1900 年问世。

肘节闭锁机构

鲁格手枪的核心是肘节闭锁机构。这个机构类似一个自由活动的肘关节。子弹上膛准备击发时，保险触点位于枪膛轴线的下方被可靠地锁定。击发时，枪管向后移动，接头向上推到枪膛轴线上方，解除肘节闭锁，通过后坐循环，将弹壳抛出。然后复进弹簧将保险向前推回到锁定位置，从弹匣中取出并送入下一发子弹。

该系统尽管不如柯尔特 M1911 可靠，在清

鲁格手枪通过弹簧推动击针击发的，图上展示的是击针处于待击发位置准备击发的状态。

这是肘节闭锁系统的中心节点，使肘节在后坐过程中向上折叠，使子弹退膛并抛出弹壳。

转轴系统
转轴系统，使肘节闭锁系统在后坐过程中沿枪膛轴线打开。

扳机
鲁格手枪的扳机是它的致命弱点，许多人抱怨质量差，不可靠。

弹匣
P-08 的单排弹匣能装 8 发子弹。

鲁格手枪是一次大胆的尝试。第一次世界大战结束时，像伯格曼 MP18 这样的冲锋枪才是便携式火力的最佳选择。

洁的环境下工作良好，并且在军方市场很有吸引力。鲁格最初型号是 7.65 毫米口径的帕拉贝鲁姆 1900 型，其创新点主要体现在手动保险和安全钳。后来，1902 年的枪型改用 9 毫米口径帕拉贝鲁姆子弹，与 1900 型结构类似但枪管更重。

鲁格 1904 型有了新的改进，也是 9 毫米口径。它在握把的手指握处增加了一个凸起的弹匣释放按钮，增加一个弹量指示器，在退弹簧的一

侧显示"装有子弹"字样，也可以配备一个枪托，以提供更精准的火力。

P-08手枪

鲁格 1904 型很重要，因为它是鲁格枪族中第一个被德国军队，特别是德国海军采用的。1908 型帕拉贝鲁姆才是具有里程碑意义的轻武器。1908 型鲁格进行了简化，去掉了握把保险，枪管长度从 152 毫米缩短到 102 毫米，但性能良好非常可靠，外观呈流线型非常优美。发射 9 毫米口径帕拉贝鲁姆子弹，射击初速为每秒 380 米，一个合格的射手可以精准射击 50 米以外的目标。

P-08 手枪的关键价值之一是其普及性。1908 年，它被德国陆军采用，成为左轮手枪的替代品，并开拓了南美洲出口市场。在第一次世界大战期间，P-08 手枪主要是配发军官使用，发挥了很好的作用，也被用作一种有效的堑壕突击武器。事实上，德国人也尝试过把鲁格手枪改装成全自动武器，但由于射速太快，使用枪托也无法控制后坐力。

P-08 手枪的另一个与众不同的版本是"手

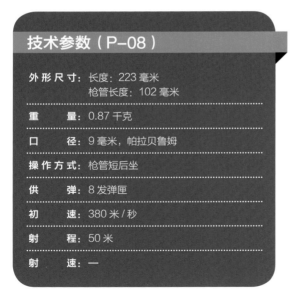

技术参数（P-08）

外形尺寸：	长度：223 毫米 枪管长度：102 毫米
重　　量：	0.87 千克
口　　径：	9 毫米，帕拉贝鲁姆
操作方式：	枪管短后坐
供　　弹：	8 发弹匣
初　　速：	380 米／秒
射　　程：	50 米
射　　速：	一

一名德国步兵手持一把鲁格 P-08 手枪，携带大量的补给弹药，包括一枚手榴弹和一条 7.92 毫米口径子弹的弹带。

炮型"，1914 年开始生产，一直持续到第一次世界大战结束后。这种改进型将基础型 P-08 的枪管长度增加到 190 毫米，加装一个合适的枪托。通过 32 发的蜗牛式弹盒供弹，子弹容量明显增加，加装缺口瞄准具，射程增至 800 米。该枪型为炮兵、空勤和防守部队所使用，他们需要一种比普通手枪威力更大的小型武器（实际上，手炮型就是我们今天所说的"单兵防御武器"）。然而这种手枪与新一代冲锋枪相比，几乎没什么用，而且在实战中也很少使用。

1942 年 6 月，毛瑟公司停止生产常规型 P-08 手枪，转而生产 1938 年开始装备德国军队的瓦尔特 P-38 手枪。截至 1942 年底，总共生产了 262 万把 P-08 手枪，并在两次世界大战期间投入使用。今天它们仍然出现在各种地区冲突的行动中，充分证明了它们的耐久性。由于优雅稳健的设计，鲁格手枪是非常有价值的收藏品。

鲁格手枪的操作

使用鲁格手枪射击，首先将装满 8 发子弹的弹匣插入手枪握把。有趣的是，手枪握把的角度很大，为使射手更容易从弹匣顶部压入子弹，弹匣有一个专用输弹装置。如果肘节闭锁坏了，装满子弹的弹匣就不能插进枪里，而且保险必须放在待击发位置。当弹匣内的子弹少于 8 发，子弹上膛时，首先打开保险装置（如果保险装置关闭，手枪就不能上膛），然后握住肘节闭锁两侧的圆螺母，向上拉起后松开。使第一发弹从弹匣中取出并上膛，就可以开始射击了。弹匣打空时，肘节闭锁将锁定在开膛位置。

柯尔特 M1911 手枪（1911）

很少有手枪能和柯尔特 M1911 手枪一样具有极高的辨识度和强大的声誉。柯尔特 M1911 手枪先后生产和销售了数百万把，在超过 70 多年的时间，它一直是美军的制式装备。

19 世纪末，美军为适应现代技术的发展，投入大量时间和资源进行轻武器改进，也包括手枪，因为由左轮手枪转向半自动手枪的趋势越来越明显。1899 年，美国陆军部开始对几种半自动手枪进行测试。半自动手枪不仅射击更加稳定，而且子弹容量更大，经过试验几种半自动手枪脱颖而出，分别是毛瑟 C/96、曼利夏 1894 和柯尔特 M1900。

柯尔特后来才得到关注。柯尔特 M1900 手枪由大名鼎鼎的约翰·勃朗宁设计，1897 年他获

右图：柯尔特 M1911 手枪的核心是 19 世纪 90 年代末由约翰·摩西·勃朗宁研发的摆动连杆机构。它在 100 多年的使用过程中几乎没有改变过。

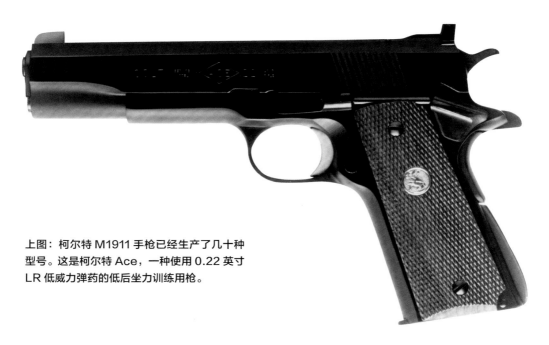

上图：柯尔特 M1911 手枪已经生产了几十种型号。这是柯尔特 Ace，一种使用 0.22 英寸 LR 低威力弹药的低后坐力训练用枪。

得自动手枪专利。0.38 英寸口径的 M1900 手枪
为短后坐机构奠定了基础，并改变了手枪的外形。
滑轨安装在枪架上覆盖了整个枪管，滑轨后半部
分还包括击针和退弹器。

　　倾斜连杆将套筒固定在框架上，当套筒处于
最前位置时，倾斜连杆将枪管向上推起并与套筒

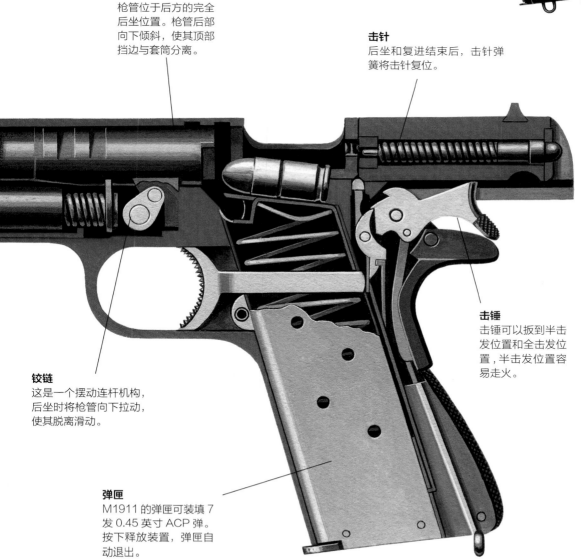

**枪管位于后方的完全
后坐位置。枪管后部
向下倾斜，使其顶部
挡边与套筒分离。**

击针
后坐和复进结束后，击针弹
簧将击针复位。

铰链
这是一个摆动连杆机构，
后坐时将枪管向下拉动，
使其脱离滑动。

击锤
击锤可以扳到半击
发位置和全击发位
置，半击发位置容
易走火。

弹匣
M1911 的弹匣可装填 7
发 0.45 英寸 ACP 弹。
按下释放装置，弹匣自
动退出。

M1911 手枪的内部视图显示了手枪的主要工作部件。复进弹簧位于枪管正下方。

内部的闭锁槽相啮合，使枪处于闭锁状态，以便射击。在后坐阶段，连杆将枪管下拉，使其与套筒脱离，套筒可以继续向后运动抛出空弹壳。该枪还有一个外置击锤（可以用拇指手动上下扳动）和一个在击锤正下方的握把保险。

技术参数

外 形 尺 寸：	长度：216 毫米 枪管长度：127 毫米
重　　　量：	1.13 千克
口　　　径：	0.45 英寸，ACP 子弹
操 作 方 式：	短后坐
供　　　弹：	7 发弹匣
初　　　速：	253 米 / 秒
射　　　程：	70 米
射　　　速：	—

尽管测试中出现了一些问题，但是 M1900 手枪的良好表现足以应对后续的测试和采购，然而到 1904 年评估规则改变了。在对 0.38 英寸口径子弹表现进行了真实评估后，美国陆军认为只有 0.45 英寸口径的子弹才具有足够杀伤力。勃朗宁为 0.45 英寸 ACP 子弹重新设计了 M1900 手枪，并于 1907 年交给其他 6 家制造商进行试验。勃朗宁的设计最终满足了可靠性与杀伤力的要求，改进后的新型柯尔特 M1911 手枪被美国军方采用。

毋庸置疑的威力

当时可能并不知道，柯尔特 M1911 改变了枪械的历史。这是一种后坐力巨大、很重的手枪，需要强壮的双手和大量的训练才能在射击间歇迅速调整，但它有着惊人的可靠性。15.16 克的 0.45 英寸 ACP 子弹对目标的杀伤力也是毋庸置疑的，能够产生一个既深又宽的穿透弹痕。简而

美国陆军人员在靶场进行 M1911A1 射击训练。20 世纪 80 年代改用 9 毫米口径的原因之一就是使用 0.45 英寸口径的武器需要参加较长时间的训练。

弹道学和0.45英寸子弹

弹道学是研究子弹作用在人体或动物产生的生理效果。子弹通过两种方式造成伤害。首先是永久性空腔，也就是子弹通过时在组织上留下的痕迹。二是暂时性空腔，即组织在永久性空腔周围的短暂拉伸，造成动能的转移。使目标丧失能力的关键是造成一个宽而深的永久性伤口，这会导致中弹者失血，迅速失去意识，甚至死亡。在美菲战争 (1899—1902) 的战斗经验中，美军发现左轮手枪的 0.38 英寸子弹在阻止摩洛部落成员狂热分子的能力有限。美军通过改用 0.45 英寸 ACP 子弹，增加了穿透深度和永久性伤口的宽度，确保更具杀伤作用。

言之，它是大威力子弹。此外，这种简单而又成功的设计，直到今天也被世界上大部分手枪仿制，今天柯尔特枪族仍在民用、军事和执法领域大量使用，其基本原理几乎没有变化。自诞生以来，M1911 手枪已被超过 40 个国家购买或授权生产。

第一次世界大战后，对 M1911 手枪进行了一系列改进，定型为 M1911A1 手枪，在 1985 年被伯莱塔 92F（军事术语为 M9）取代之前它一直是美军制式手枪。尽管伯莱塔的弹匣容量更大（有 15 发子弹，而 M1911A1 只有 7 发子弹），但许多老兵仍为柯尔特感到惋惜。事实上，M1911A1 被一些特种部队的士兵保留下来，而且在反恐特警部队中很受欢迎。这种手枪仍然在美国以外的许多国家使用，包括巴西（IMBEL型，装填 9 毫米口径帕拉贝鲁姆子弹）、马来西亚（伞兵和反恐部队使用）、挪威和韩国（大宇科技公司获得了制造许可证）。

刘易斯式轻机枪（1911）

刘易斯式轻机枪标志着轻武器家族的多样化发展。这是一种真正的轻型机枪，可由两人小组在进攻中携带和操作。

刘易斯式轻机枪在两次世界大战中主要作为英国步兵武器而声名鹊起，尽管它并不是由英国人设计。刘易斯式轻机枪是以美国枪械设计师塞缪尔·麦克林的设计为基础，命名则归功于美国陆军上校艾萨克·牛顿·刘易斯，刘易斯在1911年改进了该枪的设计方案。麦克林和刘易斯一起创造了枪械家族的一个新成员，第一支真正意义的轻机枪。当时世界各国军队使用的机枪，例如德国MG08和英国维克斯都是令人头疼的武器，重达几十千克，需要整队步兵操作。重机枪是放置在防御阵地向特定目标持续开火的静置武器。这些武器不擅长在快速进攻战斗中提供机动火力。

与德国MG08和英国维克斯等短行程后坐式机枪不同，刘易斯式轻机枪是一种导气式自动武器，操作相对平稳，携带轻便。

复进弹簧
复进杆带齿，与缠绕螺旋复进弹簧的齿轮啮合。

这就是刘易斯介入改进并满足需求的地方。

主要特征

刘易斯式轻机枪重达 11.8 千克，完全可以由一个人携带进行冲锋，通过前脚架架起机枪，在战斗中及时提供压制火力。有了刘易斯式轻机枪，一个步兵班可以把它的重型火力向前推进，而不仅仅依靠后方连用机枪的火力支援。

刘易斯式轻机枪有许多特点。采用导气式原理，发射气体在枪口附近被导入，为活塞提供动力，然后通过活塞延伸部分驱动枪机。枪机上有轨道，活塞加长杆上的一个杆与之啮合；曲线形

刘易斯式机枪折叠式瞄准具的刻度为 1830 米。实际上，这种枪有效射程在 600~1000 米之间。

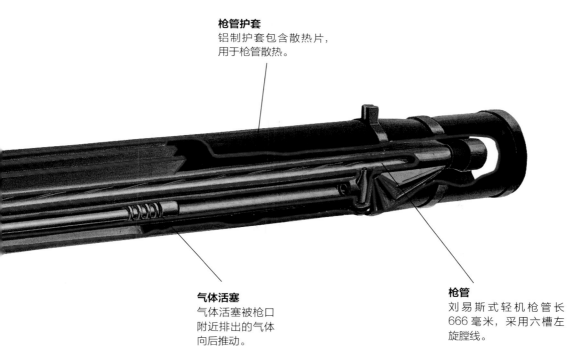

枪管护套
铝制护套包含散热片，用于枪管散热。

气体活塞
气体活塞被枪口附近排出的气体向后推动。

枪管
刘易斯式轻机枪管长 666 毫米，采用六槽左旋膛线。

新西兰步枪旅的一名士兵在冲锋前已准备好刘易斯式轻机枪。两脚架是低姿卧式射击的理想选择。

状的轨道与杆相互作用实现了枪机闭锁和开锁。闭锁由枪机后部附近的三个锁止片实现。值得注意的是，刘易斯式轻机枪的复进弹簧是螺旋形设计，而不是圆柱形设计，更像手表弹簧。

刘易斯式轻机枪外观上有两个极易辨认的特征。首先是巨大的枪管热护套。刘易斯式轻机枪是一挺风冷机枪，枪管热护套利用枪口射击产生一股气流，从枪管外部吸入冷却空气。事实证明，护套的作用可以忽略，没有护套并不会对其性能造成不利影响。其次是位于机匣顶部的平板形弹匣。它设计装弹量为 46 发或 97 发，通过与枪栓的机械运动而不是弹簧压力系统进行供弹，射速为每分钟 500 发到 600 发。

战场成功

出于政治原因，刘易斯式轻机枪一开始在市场上推销时，并没有在美国找到军事买家。比利时在 1913 年购买了少量刘易斯式轻机枪，后来英国购买了刘易斯式轻机枪，英国皇家空军在 1914 年获得许可生产 0.303 英寸口径的刘易斯式轻机枪。

1914 年起，随着战争波及整个欧洲，刘易斯式轻机枪的产量达到了数万挺，这使英国在整

技术参数（Mark I）	
外形尺寸	长度：1283 毫米 枪管长度：666 毫米
重　　量	11.8 千克
口　　径	0.303 英寸
操作方式	导气式
供　　弹	47 发弹鼓
初　　速	745 米 / 秒
有效射程	1828 米
射　　速	550 发 / 分钟

两挺刘易斯式轻机枪安装在环形底座上。在德哈维兰 DH-4 等飞机上采用了这样的安装方式。

机载刘易斯式轻机枪

刘易斯式轻机枪在第一次世界大战期间及战后开始作为对空武器。甚至在战争爆发之前，它就已经改变了飞机的作战能力——1912 年 6 月，刘易斯式轻机枪安装在由查尔斯·钱德勒上尉和罗伊·柯特兰中尉驾驶的莱特 B 型飞机上，成为第一挺在飞机上射击的机枪。同时，刘易斯式轻机枪装备的维克斯 F.B 5 "机枪大巴"是世界上第一架专用空空作战飞机，机枪由观察员操控。刘易斯随后被安装在法国和英国的所有战斗机上，包括尼厄波特 11 号、尼厄波特 17 号、S.E-5a 号、索普维斯骆驼号和索普维斯海豚号。一些英国王牌战斗机使用刘易斯式轻机枪击落了很多敌机，例如阿尔伯特·鲍尔，使用安装在上层机翼上的机枪向前射击，被拉回到轨道上重新装弹时也可以向上射击。

个战争中拥有了非常重要的火力优势。刘易斯式轻机枪并非十全十美，也经常出现故障。它一直装备两次世界大战中的英国以及英联邦国家军队，后来美国海军、美国海岸警卫队和美国海军陆战队也成为刘易斯式轻机枪的用户，采用 0.303 英寸口径。

刘易斯式轻机枪发展出了很多衍生枪型，特别是用于飞机。其中第一种是 1915 年 11 月 10 日出现的刘易斯马克 2 型，去掉了桶形散热器，安装了铁制握把代替了枪托。1918 年改进后的马克 2* 型与马克 2 型基本相同，射速更快。1942 年，罕见的 0.303 英寸口径的刘易斯 SS 型被英国海军引进使用，除了散热器，还增加了一个前握把。从 1940 年起，英国人还使用由美国野人武器公司生产的 0.303 英寸口径的刘易斯式轻机枪。

第二次世界大战爆发，新式中型机枪的出现让刘易斯式轻机枪黯然失色。虽然它已经过时，但它在历史上留下一段难以磨灭的印记。

温彻斯特 12 型霰弹枪（1912）

在自动武器时代，泵动式霰弹枪似乎有些不合时宜，然而温彻斯特 12 型霰弹枪成为两次世界大战和无数冷战冲突的主力武器。

温彻斯特与霰弹枪设计的关系可以追溯到 19 世纪，当时使用的是击锤式霰弹枪，例如 1897 型。然而在 20 世纪的前几十年，该公司开始将霰弹枪的设计推向一个新的方向，在军事、体育和执法等领域得到应用。他们可能没有什么质疑，

这种武器会一直生产到 20 世纪 60 年代中期及以后。

泵动式霰弹枪

温彻斯特 12 型霰弹枪是由温彻斯特公司设

温彻斯特 12 型霰弹枪设计特别简洁，以操作流畅而闻名，它可以像操作滑梯一样快速射击。

击针
12 型是温彻斯特设计的第一支无击锤霰弹枪，在这里我们看到击针弹簧处于压缩状态下，击针顶住子弹尾部。

枪托
该枪托有一个凸起的贴腮板，射手可以将脸颊紧贴枪托。枪托上还装有橡胶缓冲垫。

计师托马斯·C.约翰逊设计。他的设计灵感来自于勃朗宁1893型设计的泵动机构。 在这个机构中，子弹装在枪管下方的管状弹匣中。枪机操作、子弹上膛和弹壳抛出以及从弹匣中提取子弹都是通过前后拉动护木的单一动作来完成的。这套机构不仅增大了子弹容量（1897型可携带5发子弹，而标准双管霰弹枪只能携带2发子弹），而且极为可靠，能够承受野外的粗暴使用。这款枪可以用于运动员在野外射击，也可供战场上的士兵使用。约翰逊主要将温彻斯特12型散弹枪销往这些市场。

温彻斯特12型霰弹枪与以往的霰弹枪完全不同，采用内置击锤而不是外置击锤。外置击锤更容易勾住衣物和植被，内置机锤设计将操作部件隐藏在远离污垢和碎片的地方，这使得该枪在野外使用更加方便。最初作为猎枪生产的20毫米口径霰弹枪，非常适合狩猎鸟类，在1912年后的两年里生产了16毫米口径和12毫米口径的霰弹枪。12口径霰弹枪管状弹仓最多可装填6发70毫米弹匣，还有1发子弹会装入枪膛中。然而为了适应相关法律要求，弹仓内可能装有各种塞子以限制弹药容量。

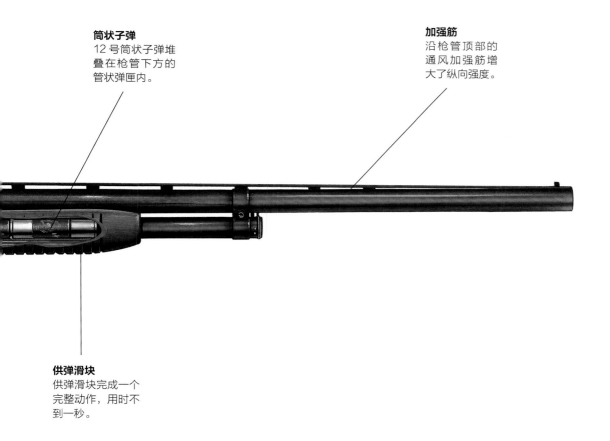

筒状子弹
12号筒状子弹堆叠在枪管下方的管状弹匣内。

加强筋
沿枪管顶部的通风加强筋增大了纵向强度。

供弹滑块
供弹滑块完成一个完整动作，用时不到一秒。

温彻斯特 12 型霰弹枪自身结构简单。子弹通过托弹板推入弹匣，供弹滑块来回滑动将子弹送入枪膛。扳机闭锁装置释放后，就可以射击了，继续拉动供弹滑块，将弹壳从右侧抛弹口抛出。经过反复练习，可以很快地连续射击，子弹如狂风骤雨般射向靶板。

军方使用

温彻斯特 12 型霰弹枪原本作为射击运动用枪使用，美国军方很快认识到了它的性能和潜力。与步枪相比，霰弹枪射程非常有限，然而近距离对人体目标的射杀能力非常出色。射击散布范围大，这补偿了对移动目标进行快速射击时的不精准性。

第一次世界大战期间，美国军方购买了大约 2 万支 12 型战壕枪，主要用于近距离突击行动。采用 508 毫米长的短枪管，便于在战壕内使用。还在枪管周围加了一个打孔的隔热板，以及在枪管处增加了一个 M1917 刺刀安装卡笋。

正如第二次世界大战期间的太平洋战场一样，越战中的美军发现温彻斯特 12 型霰弹枪在近距离丛林作战中非常有用。

技术参数

外 形 尺 寸：	长度：1257 毫米 枪管长度：20 英寸、26 英寸、28 英寸、30 英寸
重 量：	一
口 径：	一
操 作 方 式：	泵动式
供 弹：	6 发筒装弹匣
初 速：	根据弹头大小而变化
有 效 射 程：	50~100 米
射 速：	一

温彻斯特 12 型霰弹枪近距离射击，确实具有毁灭性的火力性能，第二次世界大战时美国武装力量投入巨资购买了约 8 万支温彻斯特 12 型战壕枪。在太平洋和东南亚的丛林战斗中，强大的弹药几乎找不到对手，近距离扫射时，通常只需要一发子弹就能使敌军士兵丧失战斗能力。

这些枪在基地警卫任务中也发挥了很大作用，温彻斯特制造了一种"防暴枪"，其结构与"战壕枪"基本相同，去掉了隔热板和刺刀卡笋。

战后使用

"防暴枪"及其许多民用霰弹枪在 20 世纪 40—60 年代被美国警察部队的各个部门使用。

第 75 步兵团的一名美国士兵（骑兵）使用一支温彻斯特战斗霰弹枪向刘易斯堡射击。这是一支经典的"战壕枪"，装有通风隔热板。

在战后几年的内乱中，警方发现霰弹枪是一种非常理想的武器，它可以使用不同口径的子弹，从小威力的 9 号鸟弹到大威力的 00 弹。在朝鲜战争（1950—1953 年）和越南战争（1965—1973 年）期间，美国军方一直使用温彻斯特 12 型霰弹枪。

温彻斯特一直在为其民用和军用客户生产各种型号的温彻斯特 12 型霰弹枪。枪管长度从 483 毫米到 813 毫米不等，运动型枪管采用 76 毫米大口径弹药。然而，面对日益激烈的竞争和生产成本的不断上升，1964 年停止了该枪的系列化生产。如果将 1964 年后生产的一些特殊型号计算在内，温彻斯特 12 型霰弹枪总共生产了约 200 万支。正是由于设计稳定可靠，世界各地仍有许多温彻斯特 12 型霰弹枪在射击运动中使用。此外，美军今天依然装备泵动式霰弹枪。

现代美军霰弹枪

美国军方武器库中一直保留着霰弹枪，特别是用于解救人质等特殊任务。最常见的霰弹枪是莫斯堡 M590A1，属于莫斯堡 500 系列中的战术泵动式霰弹枪，装有手握把、可折叠枪托和位于枪管下方的战术照明装置。根据型号的不同，弹仓最多装填 8 发子弹。美国海军陆战队选择了另一种型号——半自动导气式 M104（军用版贝内利 M4）。凭借其高速的装填特性以及"7+1"弹药容量，M104 可以在短短几秒内发射极其猛烈的火力。有趣的是，美国陆军也在投资 M26 模块化附属霰弹枪系统（MASS），采用与 M203 榴弹发射器相同方式安装在 M4/M16 步枪枪管下方。

维克斯重机枪（1912）

维克斯重机枪是一挺真正的机枪。由于生产标准高、能够数小时连续射击等特点，维克斯重机枪在半个世纪的战争中，见证了许多战斗和武装冲突。

在现代枪械革命性的创新中，很难找到一个能比 19 世纪 80 年代马克沁发明第一挺机枪更伟大的革命。马克沁在 1884 年展示了他的后坐驱动式机枪，部队产生重型火力的潜力被彻底改变了。马克沁机枪可以以每分钟超过 300 发的速度

维克斯重机枪看上去牢固、可靠。其生产质量非常好，如果维护得当，很少出现严重故障。

旋塞杆
一旦 0.303 英寸的弹带被送入枪膛，旋塞杆被向后拉两次，第一发子弹就被装入枪膛。

三脚架
三脚架为远距离持续射击提供了一个极其稳定的平台。

弹药
维克斯重机枪采用 250 发的帆布弹带，每条帆布弹带重 10 千克。

发射 7.92 毫米口径子弹，这远快于当时的手摇式机枪。因此，包括英国在内许多国家开始购买或仿制马克沁机枪。

从马克沁到维克斯

英国从 1887 年开始对马克沁机枪进行试验，并大量购买了马克沁机枪。马克沁机枪证明了它在战场上的主导地位，1896 年维克斯收购了马克沁公司，创建了维克斯和马克沁子公司。英国设计师开始致力于对马克沁机枪进行改良设计。最终，1912 年 11 月 26 日，英国军队采用了口径为 0.303 英寸的维克斯 MkI 型机枪。虽然经历了一些重大改进，维克斯重机枪仍被公认为马克沁枪族的成员。重新设计供弹枪托，一个顶部可

冷凝罐
从筒体夹套内产生的蒸汽通过橡胶软管向下导入到冷凝罐中。

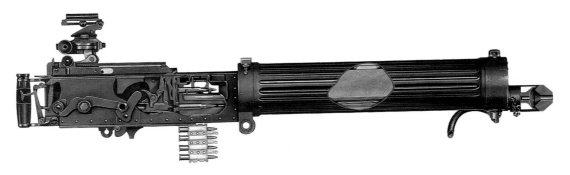

这张剖面图显示了供弹机构、穿过导管架下部的枪管以及枪管前部的助推装置。

调模块，并在材料上进行了全面改进，使用铝和高强度钢减轻了枪的整体重量。最重要的是，维克斯重新设计了马克沁机枪的肘部锁定机构，改为向上运动而不是向下运动。这使得弹匣更紧凑，高度大约是马克沁弹匣高度的三分之二。

马克沁机枪的质量标准最高。这种武器的卓越之处在于，它在英国服役到 20 世纪 60 年代才被法布里克·纳蒂奥莱的 7.62 毫米口径机枪取代。

那么到底是什么使维克斯重机枪获得了各种第一呢？它的最大射击速度约为每分钟 450 发，并非射速最快的机枪，有的机枪可以达到每分钟 600 发。它也不轻，水套装满水后总重 18.1 千克，需要一个 6 人小组来操作。尽管它比马克沁和德国 MG08 都轻，但是它可以不停地射击并产生毁灭性的射击效果。它装在三脚架上，0.303 英寸口径子弹采用帆布弹链供弹，有效射程可达 4100 米。

采用水冷系统保证枪管很少出现高温。水套装有 4.3 升的水，持续射击产生的高温会使水在枪管护套里沸腾。由此产生的蒸汽通过一根软管被引入到冷凝罐中凝结成水，重新循环回水套。

有了备用枪管，维克斯重机枪小组可以轻松地在一小时内射出 1 万发子弹，这意味着一个小组可以使整个战场的一大部分敌方官兵致命。1916 年 8 月 24 日，在索姆河战役一次战斗中，第 100 旅机枪连的 10 挺维克斯重机枪提供了 12 小时的持续火力，据说发射了近 100 万发子弹。在这个过程中，他们用掉 100 根枪管，利用各种可能的液体来冷却机枪，甚至是尿液。12 小时后，所有机枪都处于良好的工作状态，这是一个惊人的壮举。最近的一些研究对射击数量提出了质疑。事实上，这些武器确实发射了大量弹药，没有出现严重故障。

服役期间，维克斯重机枪也被用于步兵武器以外的其他用途。它被改装成几种风冷机枪，也

技术参数

外形尺寸	长度：1155 毫米 枪管长度：723 毫米
重　　量	18.1 千克
口　　径	0.303 英寸
操作方式	短行程后坐
供　　弹	250 发单带
初　　速	745 米 / 秒
有效射程	4100 米
射　　速	450 发 / 分钟

维克斯在第一次世界大战中也被用作高射机枪，一支步兵小队在用高射机枪射击空中目标。

短行程后坐维克斯重机枪

短行程后坐维克斯重机枪采用短后坐系统。这种装置不仅用在一些特定机枪上，也用在一些步枪和手枪上。在短后坐行程中击发时，枪机与枪管锁在一起，它们一起后坐并压缩反后坐弹簧。维克斯重机枪有一个助退装置，借助推进气体推动后坐装置后坐。完成短距离后坐后（不超过弹簧长度），枪机与枪簧解锁，枪机继续向后运行并压缩后坐弹簧。将弹壳抛出后，枪机在弹簧作用下向前运行，装填 1 发子弹并与枪管锁紧。

被改装成装甲车车载武器。然而，这些武器从未像普通步兵机枪那样具有代表性，大多数机枪在 20 世纪三四十年代停止使用（勃朗宁机枪成为更好的替代品）。

新时代

到了 20 世纪 60 年代，维克斯重机枪开始逐渐落伍。虽然水冷机枪具有良好的可靠性，但在战场上显得非常笨重。德国的 MG42 等威力强大的风冷式快速更换枪管机枪，开创了通用机枪新时代。20 世纪 50 年代末，维克斯重机枪被 FN MAG 通用机枪取代，尽管如此，它的地位永远不会动摇。

伯格曼 MP 18 冲锋枪（1918）

伯格曼 MP 18 虽然不是世界上第一支冲锋枪，却是第一支非常实用的冲锋枪。后来的 20 年里，世界上有更多的军队拥有了自己的冲锋枪。

历史上第一支冲锋枪看起来有点古怪。意大利 9 毫米口径的维拉 - 佩罗萨是一支使用两套枪管、枪机和弹匣的反后坐武器，并配有一个两脚架，因此可以用作轻型机枪。6.52 千克重的维拉 - 佩罗萨冲锋枪安装在一个托架上，士兵用背带把托架背在肩上。该枪的射击速度非常惊人，可达每分钟 1200 发。

维拉 - 佩罗萨冲锋枪的冲锋能力并不成功，但它提出了冲锋枪的概念。近战中，士兵需要一种便于携带的武器，能够迅速地接近目标。在近距离复杂地形下，很少有机会认真准确地瞄准射击。相比之下，暴风骤雨般的火力不需要慢慢瞄准，子弹可以击中所看到的运动目标。

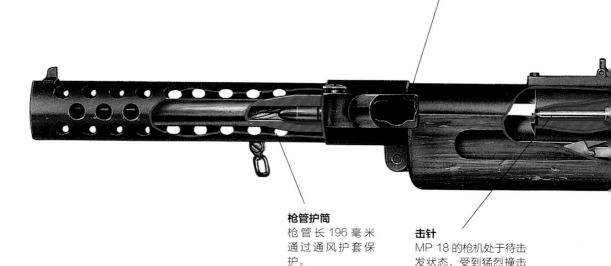

供弹机构
MP 18 的弹匣通常安装在枪托的左边，射击过程中枪的重心会发生明显变化。

枪管护筒
枪管长 196 毫米通过通风护套保护。

击针
MP 18 的枪机处于待击发状态，受到猛烈撞击后非常容易走火。

MP 18 制造工艺精良，机械零件加工质量高。制造成本也很高，最终被更便宜的 MP 38 和 MP 40 取代。

一支 MP 18 和它独特的 32 发圆形蜗牛式弹鼓，它有一个调整器，可防止弹匣被推离的太远。

复进弹簧
复进弹簧将枪机固定在
射击点的适当位置。

枪托
MP 18 有一个简单、非
常耐用的硬木枪托，前
端有一个有凹形小握把。

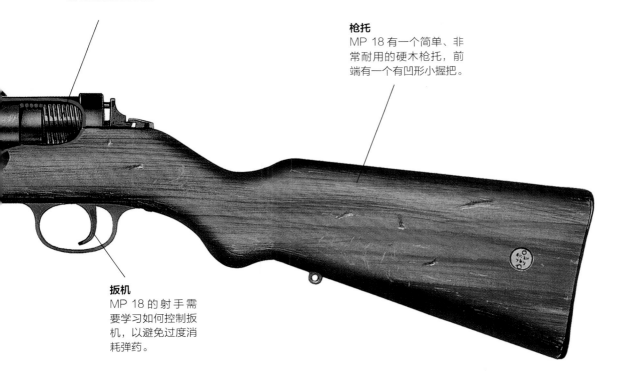

扳机
MP 18 的射手需
要学习如何控制扳
机，以避免过度消
耗弹药。

华沙贫民区，1944 年德国安全部队搜查紧张的波兰平民。第二次世界大战期间，MP 18 冲锋枪主要供德国警察和纳粹党卫军使用。

冲锋枪实现了这个目标。通过发射手枪弹，冲锋枪具有可控的后坐力，有效射程可以达到200 米。因此，一个人使用冲锋枪可以在有限的射程内提供毁灭性的火力。

技术参数（MP 18/I）

外形尺寸	长度：812 毫米 枪管长度：196 毫米
重　量	14.19 千克
口　径	9 毫米
操作方式	后坐式
供　弹	32 发蜗牛式弹鼓
初　速	380 米 / 秒
有效射程	200 米
射　速	400 发 / 分钟

伯格曼 MP 18 一开始就是一种战术武器。设计它是为了满足德国风暴突击队遂行快速进入和清理敌方战壕作战任务的需要。德国军械部门曾试验过 P–08 鲁格和毛瑟 C/96 等全自动手枪，结果却令人不满意。一个新型全自动枪械的研发委员会于 1915 年成立，设计团队包括德国枪械传奇人物雨果·施迈瑟和西奥多·伯格曼。他们最终研制出来的武器是 MP 18/I 冲锋枪，它在1916 年研制出来，到第一次世界大战最后一年才开始全面生产。

MP 18/I 冲锋枪是一种使用 9 毫米口径帕拉贝鲁姆子弹的反后坐武器，由优质金属机械加工制成。MP 18/I 冲锋枪在射击时枪机不会被锁定，所产生的后坐力为连续射击提供了动力。

MP 18 冲锋枪是一种全自动武器（没有射击模式选择功能），射速约为每分钟 400 发。尽管这一速度比不上维拉 - 佩罗萨，也不如后来很多冲锋枪的射速，但与当时的栓动步枪相比仍然具有巨大的火力优势，传统栓动步枪的射速很难超过每分钟 15 发。

MP 18 冲锋枪是一种弹匣武器。起初采用 32 发圆形蜗牛式弹鼓供弹，这些弹鼓曾用于鲁格手枪。1920 年，这种冲锋枪得以改进，使用更便宜、更方便的 20 发子弹弹匣。

近在咫尺

伯格曼 MP 18 冲锋枪会给第一次使用或见到它的人带来启示。经过训练，手持伯格曼 MP 18 冲锋枪的德国士兵，可以通过在一条壕沟或者在城市街道中运动射击来压制对手，9 毫米口径子弹威力惊人。事实上，在战争中伯格曼 MP 18 的生产速度很慢，这对于协约国来说是幸运的，如果产量超过 1 万支，德国在 1918 年进攻所带来的威胁可能会更加严重。

当时 MP 18 无疑是一个成功的设计。在 20 世纪 20 年代，它发展成为 MP 28/II，采用弹匣和蜗牛式弹鼓供弹，具有射击模式选择功能，可以单发和连发射击。瞄准具、复进弹簧和击针也得到改进。

MP 18 和 MP 28 的使用范围很广。它们被用于西班牙内战并为瑞士和奥地利等国家许可制造和仿制奠定了基础。后来，很多枪支的设计受到伯格曼 MP 18 的影响，比如英国的兰开斯特和斯登冲锋枪以及俄罗斯的 PPD 40 等。第二次世界大战期间，伯格曼 MP 18 和 MP 28 被一些更为便宜的新式冲锋枪取代，如特奥多尔·伯格曼的 MP 38 和埃弗特·马斯切恩法布里克的 MP 40，这些冲锋枪采用冲压制造，比昂贵的 MP 18 和 MP 28 更适合战时生产。总之，伯格曼 MP 18 冲锋枪为所有冲锋枪奠定了基础。

德军冲锋队

伯格曼 MP 18 冲锋枪是新一代突击部队的理想武器。StoBtruppen 是 1915 年在德国陆军内部发展起来的受过专门训练的突击部队。"冲锋队"背后的想法相对简单，但在当时是革命性的。冲锋队不是在一条直线战线上大集团进攻作战，而是以分散的队形在战场上以小分队的形式快速机动，利用他们的机动能力，在强大单兵火力的支持下突入敌人的战壕，占领或摧毁关键阵地。最早的编队是由卢尔突击营领导的先驱者部队，但战术和原则很快就传播开了。1918 年，冲锋队战术被完全纳入德国的作战计划，使双方遭受重创。

勃朗宁 M1919 机枪（1919）

勃朗宁 M1919 机枪是一款杰作。M1919 可以追溯到第一次世界大战结束时，但今天在一些现代军队中仍可以找到 M1919 的版本。

1917 年，美国加入第一次世界大战时，所装备的机枪性能很差。当时由于政治原因，在采用刘易斯式轻机枪还是勃朗宁机枪的问题上产生了分歧，尽管勃朗宁机枪是一款非常可靠的武器，然而 20 发盒式弹匣在行动中提供的火力非常有限。有一段时间，美军试图使用法国绍沙机枪，其实绍沙机枪是有史以来性能最差的机枪之一，这绝不是夸大其词。

约翰·勃朗宁以他一贯的权威性介入了这一局面。勃朗宁一直在研究一种短后坐机枪，这直接推动了 0.30 英寸勃朗宁 M1917 机枪的诞生。M1917 机枪是一款水冷弹带供弹武器，能以每分钟 500 发的射速可靠射击。

如同维克斯机枪和马克沁机枪一样，M1917 机枪是一款真正的机枪，能够对 1500 米以外的目标进行持续射击。其可靠性的关键是采用短行

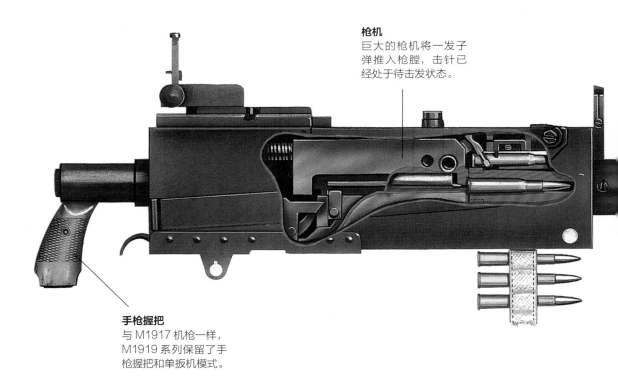

枪机
巨大的枪机将一发子弹推入枪膛，击针已经处于待击发状态。

手枪握把
与 M1917 机枪一样，M1919 系列保留了手枪握把和单扳机模式。

勃朗宁 M1919A4 安装在三脚架上。三脚架距离地面很近，非常适合在防御工事内使用。

枪管
M1919 枪管被通风护套包裹，长 610 毫米，有 4 条右旋膛线。

护套
M1919 的枪护套为枪管提供了保护，使枪管更容易更换，并且可以通风冷却枪管。

勃朗宁 M1919A4 是一种多用途武器：它既可以安装在多种型号的装甲车辆上，也可以用于步兵支援。

程后坐系统。

射击时，枪机和枪管被锁止板锁在一起。枪管和枪机在气体的推动下一起向后运动很短距离后解锁，在复进机的辅助下，枪机继续向后移动，复进弹簧压力逐渐增大。复进弹簧再次向前推动枪机，从弹带上取下子弹并送入枪膛。最终枪管和枪机会再次锁在一起，扣动扳机后子弹击发。

勃朗宁机枪的可靠性令人吃惊。在 1917 年 5 月的一次射击表演中，一挺机枪连续发射了 2 万发子弹，然后又重复发射了相同数量的子弹。后来，勃朗宁又拿出另一挺机枪，在 48 分 12 秒内打光了 28920 发子弹，这令陆军委员会十分惊诧。军方很快下了一个大订单，战争结束时一共生产了 6.8 万挺 M1917 机枪。

风冷型M1919

M1917 机枪是一种非常可靠的武器，一直服役到 20 世纪 40 年代。由于水冷机枪很重不便于操作，战争结束后勃朗宁开始向风冷机枪转变。M1919 应运而生。仍然采用 0.30 英寸口径，但庞大的液体枪护套不见了。取而代之的是

1951 年，法军在中南半岛与越军作战中使用的 M1919 机枪。法国在战后冲突中使用了大量战争遗留下来的 M1919 机枪。

包裹在枪管外面的一个通风钢制护套；枪管也更厚、更重，射击时可以充当散热器。在没有冷却水的情况下，必须控制 M1919 机枪的射速，理想情况是在大约 3 到 5 发子弹之间暂停，枪管过热就会发生变化。然而，就像 M1917 机枪一样，M1919 机枪表现良好，并且开始了衍生型的开发。M1919A1 机枪是为安装在马克Ⅶ型坦克而设计的；M1919A2 机枪是骑兵版本（它也有一个更重的枪管来增加射击持久性）；M1919A3 机枪则是一种通用版本。

最具代表性的 M1919A4 机枪，在第二次世界大战期间投产并大量装备美军，是标准的中型机枪。它可以装在越野车、两栖登陆车和坦克（安装在炮塔顶部或作为并列机枪）等所有载具上。许多飞机安装了 M2 A2，要么作为旋转式自卫武器，要么作为固定在机翼上的攻击武器。供地面步兵使用的 M1919A4 机枪配备了一

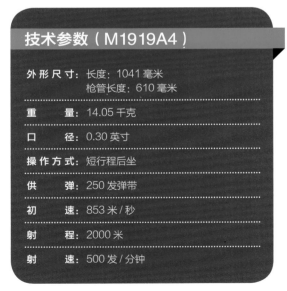

技术参数（M1919A4）

外形尺寸	长度：1041 毫米 枪管长度：610 毫米
重 量	14.05 千克
口 径	0.30 英寸
操作方式	短行程后坐
供 弹	250 发弹带
初 速	853 米/秒
射 程	2000 米
射 速	500 发/分钟

朝鲜战争期间，M1919机枪继续投入使用并且表现良好。这张照片上，我们看到一个典型的两人小组，副射手拉紧弹带减小供弹阻力。

散布面

机枪射击的一个关键概念是"散布面"，本质上是指地面上的一个区域，在这个区域内，射出的子弹将击中站立的人体目标的某个部位。被命中区域的起点被称为"第一弹着点"，子弹会击中站立的人的头部。终点是"最后弹着点"，子弹会击中目标人物的脚。由于机枪通常是沿着一条长的轨迹发射，所以散布面通常是椭圆形的，并且区域内的任何东西都处于极度危险之中。散布面是机枪手计划对已经确定和预先设定的敌人阵地进行远程支援射击的一个重要依据。通过在一个较重的三脚架上射击，射手可以确保精确地控制散布面。

个低姿三脚架。M1919枪族中唯一失败的型号是M1919A6。它原本是作为轻机枪，安装了一个肩扛式枪托并减轻了枪管重量，但事实证明它比M1919A4机枪更重，且持续射击能力较差。

长期服役

第二次世界大战期间，M1919机枪发射了大量美国子弹。然而1945年以后，这种机枪仍在继续使用。除美国之外，还有40多个国家装备了M1919机枪。在美国军队服役期间推出了0.30英寸口径的型号，以及使用7.62毫米口径北约标准子弹的型号。7.62毫米口径的主要型号是MK21 Mod 0机枪，它使用了一个可拆解子弹带，而不是编织子弹带。

目前，在世界各地仍有数千挺M1919机枪在使用，其耐久性将保证它们在未来许多年内仍可以正常使用。

汤普森 M1928 冲锋枪（1928）

伟大的枪械设计师约翰·汤普森创造了"冲锋枪"这个词。尽管美国在冲锋枪的发展上有些落后于德国，但汤普森很快就帮助美国赶上了。

第一次世界大战结束时，德国伯格曼 MP 18 冲锋枪已经证明了该武器类型的概念，然而仍有许多国家特别是美国怀疑其价值。设计师汤普森比多数人更相信手持式全自动武器的优点，从 1914 年起，他开始研发可选择射击模式的自动步枪。他决定采用延迟后坐，但是在处理全尺寸步枪子弹威力时遇到了麻烦。

这个问题是通过修改一个 1915 年由美国海军指挥官约翰·贝尔·布莱什设计的系统来解决的。布莱什锁是延迟后坐的一种方法，在布莱什锁中，枪栓中的一个 H 形金属楔在斜槽中上下滑动。射击时，楔形物与接收器中的两个凹槽接合，以暂时锁定枪机，楔形物被极高的压力固定在适当位置。当压力下降时，楔块会自行释放，并随着摩擦力的下降而向上滑动，从而使枪机像传统的后坐装置一样向后移动。

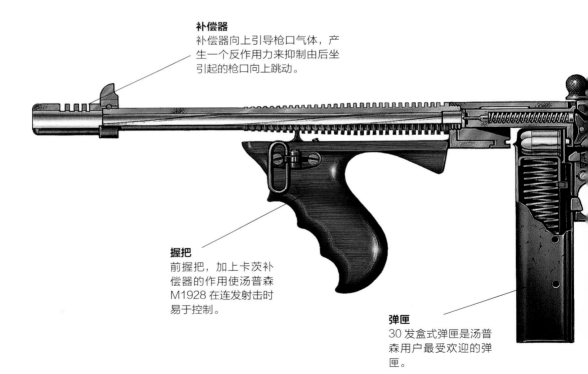

补偿器
补偿器向上引导枪口气体，产生一个反作用力来抑制由后坐引起的枪口向上跳动。

握把
前握把，加上卡茨补偿器的作用使汤普森 M1928 在连发射击时易于控制。

弹匣
30 发盒式弹匣是汤普森用户最受欢迎的弹匣。

M1928 冲锋枪改进型为军事需求做了一些简化，比如取消了前握把，采用可调式莱曼后瞄准具。

布莱什锁
这是滑动式布莱什锁组件，它在高压力下锁定枪机，但在压力下降时释放枪机。

后瞄准具
莱曼的后瞄准具可调整到约550 米的射程，远远超出了实际有效射程。

枪托
M1928 有一个空间可供存放枪油瓶。

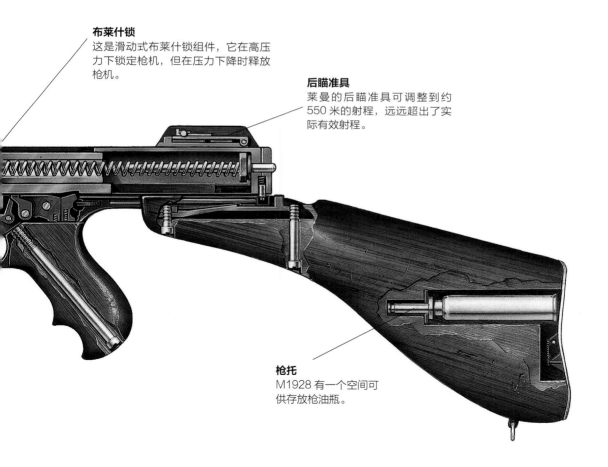

1921 型是第一个衍生枪型。它可以区别于一些后来的型号，由一个组合的前握把，但没有枪口补偿器。

事实证明，布莱什锁不适合步枪口径的子弹。然而，正如汤普森发现的那样，它非常适合 0.45 英寸 ACP 子弹，他的通用军械公司开始着手设计一种新武器，主要设计师是西奥多·H. 艾克霍夫、奥斯卡·V. 佩恩和乔治·E. 戈尔。他们研发了一种能够近距离以每分钟 700 发的射速扫除敌人的全自动武器，被称为"战壕扫帚"。

1918 年，该枪准备进行测试，最初被命名为"歼灭者一号"。战争结束时，它采用了一个新的名字——汤普森冲锋枪，最终却臭名昭著。

公众形象

第一次世界大战结束后，汤普森最直接的市场是犯罪分子和警察这两方。随着 1920—1933 年美国实施禁令，黑帮主义盛行，导致冲突频发，使得双方都希望获得强大的火力。因此，在这几年里，美国城市的街道上，伴随着汤普森那嘶哑的吼声而嘎嘎作响并不少见。50 发圆形弹鼓，水平前握把，肋形枪管和（从 1926 年起）卡茨枪口补偿器，一眼就可以辨认出来。

1928 年，美军首次采购了汤普森 M1928 冲锋枪。与其他型号一样，可以使用各种类型弹匣，20 发或 30 发的弹匣，50 发或 100 发的弹鼓，弹鼓由于重量大不实用基本被遗弃。通过快慢机可以选择单发射击或者以每分钟 600~700 发的射速连发射击；考虑到 0.45 英寸 ACP 子弹的威力，即使是面对最强硬的对手，5 发或 6 发子弹将会解决问题。

为了满足军事需求，汤普森 M1928 冲锋枪进行一些改进。第一种军用量产型 M1928A1 冲锋枪的前握把被替换成了直的水平护木，1941 年 12 月美国一开战还进行了其他简化，比如取消肋

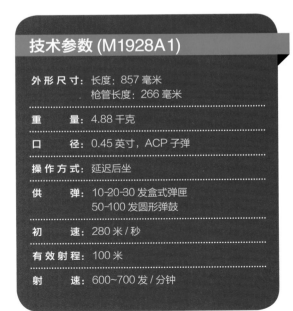

技术参数 (M1928A1)

外形尺寸	长度：857 毫米 枪管长度：266 毫米
重　量	4.88 千克
口　径	0.45 英寸，ACP 子弹
操作方式	延迟后坐
供　弹	10-20-30 发盒式弹匣 50-100 发圆形弹鼓
初　速	280 米 / 秒
有效射程	100 米
射　速	600~700 发 / 分钟

英军士兵展示的汤普森 M1928 冲锋枪都装备着 50 发圆形弹鼓。这些弹鼓又重又容易发出清脆的声响，通常被换成盒式弹匣。

开栓式武器

　　汤普森冲锋枪是一种开栓式武器。在机械方面，这意味着在击发前枪栓固定在后方，而不是紧靠尾部（这是闭栓式武器的特点）。扳动扳机释放枪栓，枪栓向前移动，从弹匣中取出一颗子弹，装入枪膛，并一次性发射。开栓式枪机的主要优点是，在射击之间，枪膛是空的，冷却气体通过枪管从而帮助枪支降温。这就是全自动武器经常使用开栓式结构的原因，降低了枪管过热的风险，还可以简化掉单独的发射销。枪栓位置的突然变化会增加瞄准难度，因此开栓式枪支的射击精度不如闭栓式枪支高。

形枪管。M1928A1 冲锋枪一共制造了大约 50 万支，但到 1942 年，战时生产需要进一步简化。

　　于是出现了 M1 冲锋枪，它采用一个简单的后坐机制（这让汤普森大为懊恼），翘起的枪机拉柄被设置在枪身右侧，没有肋形枪管，没有枪口补偿器，只有一个更为简单的瞄准具和一个固定式枪托（以前的枪托是可拆卸的）。M1 冲锋枪于 1942 年 4 月投产，1942 年 10 月出现了 M1A1 型号，在枪机上有一个固定式击针代替了独立式击针。这种坚固、廉价、简单的枪支，连同汤普森的其他型号，在第二次世界大战期间为美国及其盟国提供了良好的服务。1945 年以后，继续为军队和一些执法部门使用，经过 20 世纪 50 年代初的朝鲜战争和 20 世纪 60 年代的越南战争，汤普森冲锋枪成为历史上分布最广、最受欢迎的冲锋枪之一。

M2 勃朗宁重机枪（1933）

很难夸大 M2 勃朗宁机枪的威力，它的设计很少改动，却仍然能在几千米的射程内提供毁灭性的火力。

M2 勃朗宁重机枪是一款非常耐用的重机枪。勃朗宁重机枪的第一个型号——M1921 机枪诞生于 20 世纪 20 年代初，但它的衍生枪型至今仍在世界各地数十支军队中服役，包括美国陆军和海军陆战队。这一成功在一定程度上归功于该机枪特别耐用的设计，也得益于专门为该机枪研发的 0.50 英寸口径勃朗宁机枪子弹的威力，这种机枪在射程、穿透力和破坏力方面无可比拟。

控制手柄
控制手柄可以安装在枪身左右。

扳机
与 M1919 机枪不同的是，M2 勃朗宁重机枪使用双 D 型握把和蝶形扳机，在操纵和发射上提供了出色的操控性能。

M2 勃朗宁重机枪是天才设计师约翰·勃朗宁的另一个作品，在第一次世界大战期间，美国远征军指挥官约翰·潘兴将军提出需要一种远射程的重机枪，它能够打击新型装甲车、观测热气球及飞机等特殊目标。最初采用法国 11 毫米口径穿甲弹进行试验，但最终美军想要的是具备更大射击初速、更远射程的武器。

约翰·勃朗宁于 1917 年开始坚持不懈地研发机枪。此时，温彻斯特公司正在研发一种新式 0.5 英寸口径的大威力子弹（实际上是一种放大

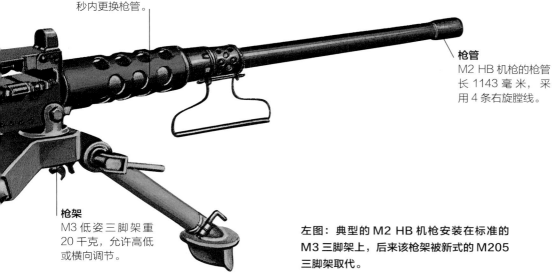

快速更换枪管
由于配备了快速更换枪管套件，M2 HB 机枪的机枪手可以在 10 秒内更换枪管。

枪管
M2 HB 机枪的枪管长 1143 毫米，采用 4 条右旋膛线。

枪架
M3 低姿三脚架重 20 千克，允许高低或横向调节。

左图：典型的 M2 HB 机枪安装在标准的 M3 三脚架上，后来该枪架被新式的 M205 三脚架取代。

下图：M2 HB 机枪剖面图显示了枪机将一发巨大的 0.5 英寸口径子弹从左侧弹链取下推入枪膛。

一名美国海军陆战队机枪连的士兵在演习中使用 M2 机枪射击。

的 7.62 毫米×63 毫米子弹），勃朗宁研制出的改良版 M1919 机枪采用了这种子弹。经过大量的工作，两者最终结合在一起，成为勃朗宁 M1921 机枪。M1921 机枪射速为每分钟 500 到 650 发，能够提供强大的火力，但是重量达到 55 千克，使用轻型枪管将会限制它的持续射击能力，进而会降低它的实用性。

技术参数

尺　　寸：	长度：1653 毫米 枪管长度：1143 毫米
重　　量：	38.22 千克
口　　径：	0.5 英寸勃朗宁机枪子弹
操作方式：	短后坐
供　　弹：	110 发金属弹链
初　　速：	898 米 / 秒
射　　程：	2000 米以上
射　　速：	450~550 发 / 分钟

M1921 机枪的销量非常有限。1926 年，勃朗宁去世后，格林博士对这款机枪的设计进行了革命性的改进。他取消了枪管护套，采用风冷方式，机匣可以从左侧或右侧供弹（以前的型号仅能从左侧供弹），枪机拉柄也可以从左侧切换到右侧。这种枪被称为 M2 机枪（不同于早期的水冷型 M2 机枪）。

为了解决持续发射 0.5 英寸口径子弹所产生的巨大热量问题，还生产了一种重型枪管版的 M2 HB 机枪。该型号成为美军和许多国家军队的制式车载重机枪。轻型枪管版 AN/M2 机枪是为机载而生产的，并成为从战斗机到 B-29 轰炸机等各种飞机上的通用航空机枪。

通用平台

M2 机枪及其衍生枪型在武器库中根深蒂固的原因有很多。这些机枪性能非常可靠，采用耐用的短后坐行程机制，保证该枪在严酷的战场条件下发射数千发子弹后仍可继续工作。M2 机枪采用了改进型快速更换枪管装置，能够很轻松地快速卸下并更换发热的枪管。M2 HB 机枪的循环射速相当慢，大约为每分钟 450 至 550 发，这样的射速使得机枪在很大的后坐力下也是高度可控的。

此外，每颗 0.5 英寸口径的子弹（取决于所使用的弹药型号）重达 52 克，其发射初速为 882 米/秒。即使射程超过 2000 米，对目标的杀伤力也是非常巨大的。砖墙、钢板、防弹衣、汽车发动机缸体、飞机上部结构、沙袋掩体和轻型装甲车等，M2 机枪都能把它们摧毁。

由于 M2 系列机枪性能出色，它已经在 60 多个国家得到了广泛的应用。对于步兵，它可以装在一个低姿三脚架上使用。当作为坦克并列机枪和 M45 防空机枪塔的四联机枪，主要用于防空或压制火力。在飞机内，AN/M2 机枪同时采用了固定和移动的枪架。B-25J 米切尔地面攻击机装备了超过 14 挺 AN/M2 机枪用于扫射攻击（AN/M2 机枪具备更高的循环射速，最高可达每分钟 800 发）。M2 机枪可以安装瞄准具，在单发模式下作为狙击步枪使用。

M2 机枪仍然是现代战场上威力最大的武器之一。在提供远程压制或摧毁能力上，它几乎没有对手。

M2机枪的威力

M2 机枪及其衍生枪型在服役 80 多年的战斗中创造了惊人的战绩。0.5 英寸口径的勃朗宁机枪子弹的穿透力是毋庸置疑的，当使用穿甲弹时，弹头可在 500 米的距离上穿透 16 毫米的轻型车辆装甲，5 到 10 发子弹将轻松摧毁大多数加固的砖墙。这种穿透力意味着 M2 HB 机枪经常用于"火力侦察"，基本上可以摧毁任何可能的目标，来暴露、压制或消灭敌人。

对于那些被击中的敌人来说，M2 机枪的威力是毁灭性的。2003 年，在伊拉克战争中，美国陆军中士保罗·雷·史密斯用一架安装在损坏的步兵车上的 M2 HB 机枪，几乎击退了一支连级规模的伊拉克部队。虽然他在战斗中受了重伤，但他使用 M2 HB 机枪击毙 50 多名伊拉克士兵，在战斗中起到关键作用。

卡尔 98k 毛瑟步枪（1935）

　　卡尔 98k 步枪几乎没有什么突出的特点和令人惊叹的地方，它就是一支 7.92 毫米口径的栓动步枪，但它不能因此而被低估。1935—1945 年，卡尔 98k 步枪是世界上最专业军队的主要武器之一。

　　到 20 世纪初，毛瑟这个名字已经被公认为军事和运动武器的主要生产商。威廉·毛瑟和保罗·毛瑟兄弟两人在 19 世纪 70 年代一举成名，他们设计的栓动步枪取代了已经过时的德莱赛针发枪。1871 型步枪虽然只是一种单发武器，但它确立了毛瑟栓动步枪的基本原理。随后出现了用弹夹装弹的步枪，其中最著名的是毛瑟盖尔 98 步枪（也叫 Gew 98 步枪）。

　　Gew 98 步枪有很多优点。它性能可靠、操作安全，枪栓上有三个闭锁凸榫，能够确保射击

时将 7.92 毫米 x 57 毫米毛瑟步枪子弹安全闭锁在枪膛里。

　　Gew 98 步枪可以适应战场上各种各样的恶劣条件，每周只需几次基本清理并擦拭少量枪油，就可以保证使用多年。与早期步枪采用的英式直枪托不同，手枪握把式枪托握着非常舒适。它有一个 5 发容量的内置弹仓，装填时将五发弹匣通过拉开的枪栓压入弹仓内。它采用大威力远程子弹；安装了光学瞄准具的 Gew 98 步枪，能够射击 1000 米以外的目标，而且在训练有素的狙击

枪托
起初，枪托由实心胡桃木制成，从 1938 年开始，由胶合板压制而成。

照门
后部弧形照门，标定最大射程为 2000 米，每个刻度为 100 米。

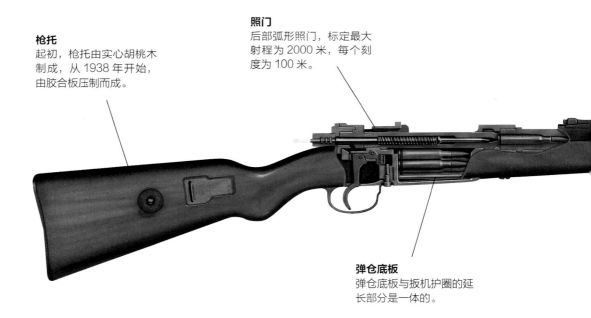

弹仓底板
弹仓底板与扳机护圈的延长部分是一体的。

弹仓
5 发子弹被压入弹匣，压紧
托弹簧，拉动一次枪栓可装
填 5 发子弹。

第一次世界大战期间装备德国军队的 Gew98 步枪，配备的枪托也在第二次世界大战期间使用。

准星
从 1939 年开始，卡尔
98k 步枪的准星安装了
遮光罩，用来遮挡阳光。

卡尔 98k 步枪既可以配备枪榴弹，也可以配备刺刀，还可
以安装光学瞄准具作为狙击步枪使用。

当卡尔 98k 步枪安装了光学瞄准具后，有效射程达到 1000 米。左边的士兵好像手持苏联 PPD 40 冲锋枪。

手手中，该枪有效射程会更远。Gew 98 步枪是第一次世界大战期间德军最精良的装备，但它的缺点就是水平式枪栓拉柄使枪不便于快速操作。另外，它的枪身特别长，达到 1255 毫米，不便于近距离作战。

因此，在两次世界大战期间，德国军队需要一款更便于快速操作的步枪。

1899—1903 年，毛瑟枪已经生产了 Gew 98 步枪的卡宾枪版本——卡尔 98 步枪，1904 年的改进型被命名为卡尔 98a 步枪。卡尔 98a 步枪不仅比 Gew 98 步枪更短、更便携，而且在一些重要方面也有了改进。为了便于操作，把枪栓拉柄调低了位置，并放置在枪身的一个凹槽处，以便于快速操作。

短版步枪

卡尔 98a 步枪开始逐步取代德军的老式加长步枪。1935 年，毛瑟制造了另一款步枪，除了枪身更短一些以外，其他都相同。这就是卡尔 98k 步枪，"k"代表 kurz，意思是"短"。步枪长度缩短到 1110 毫米，虽然不是特别紧凑，但足以让士兵们携带步枪在巷战或阵地战中快速机动。

技术参数

尺　　寸：	长度：1110 毫米 枪管长度：600 毫米
重　　量：	3.9 千克
口　　径：	7.92 毫米 ×57 毫米毛瑟子弹
操作方式：	栓动
供　　弹：	5 发内置弹仓
初　　速：	745 米 / 秒
射　　程：	500 米以上机械瞄准具
射　　速：	一

卡尔 98k 步枪是一款非常不错的步枪，但并不比英国的李－恩菲尔德步枪或苏联的莫辛－纳甘步枪好，也不如许多新式的半自动步枪，比如美国的 M1 加兰德步枪（根据乔治·巴顿将军的说法，这是有史以来最了不起的战斗武器）。但卡尔 98k 步枪的产量确实巨大，在短短 10 年里，德国制造出了 1460 万支卡尔 98k 步枪配发德军部队，确保人手一支。因此，德国人避免了战争初期困扰德国的轻武器数量不足的问题。在训练有素的士兵手中，卡尔 98k 步枪仍然是杀伤力巨大的武器。

尽管如此，这种武器也暴露出德国人缺乏创造力。战争结束时，这种 5 发栓动步枪明显有些过时，德国步兵班的战斗力主要依靠机枪和班用冲锋枪提供的火力。德国在自动步兵火力的发展上确实取得了一些开创性的进步，尤其是在 FG 42 伞兵步枪和 MP 44 突击步枪等可选射击模式步枪的生产研发上。

但是这些生产研发要么在战争期间来得太迟，要么没有得到应有的重视。因此，当德国步兵面对苏联冲锋枪部队或装备 M1 加兰德步枪的美国步兵时，他们的火力往往落后于对手。

德国步兵武器

1940 年 5 月，德国入侵法国期间，一名德国士兵（右图）携带一支卡尔 98k 步枪。德国步兵使用的武器装备因战争时期和所属兵种不同而有所不同。卡尔 98k 步枪是迄今为止生产数量最多的武器，但德军也装备了一些半自动和可选射击模式步枪，包括 G41（W）半自动步枪、G43 半自动步枪、FG 42 伞兵步枪和 MP 44 突击步枪。它们为突击步枪的发展奠定了坚实基础。德国步兵装备的冲锋枪主要有 MP 38 和 MP 40 冲锋枪。他们在东线战场也大量使用缴获的波波沙冲锋枪，因为这些枪具备超强的火力和优良的低温可靠性。德国步兵使用的手枪主要是鲁格 P-08 和瓦尔特 P38，都是 9 毫米口径武器。此外，德国士兵还携带 STG39 式木柄手榴弹或不太常见的 39 式手雷。

勃朗宁 GP35 大威力手枪（1935）

要判断勃朗宁 GP35 大威力手枪的质量，我们只需要注意，自从 20 世纪二三十年代问世至今，已经有 90 多个国家将它用作制式手枪。

勃朗宁大威力手枪的外观很容易让人联想到柯尔特 M1911 手枪。这并非巧合，因为两支枪都出自约翰·勃朗宁之手，尽管后者还得到了另一位天才枪械设计师——比利时国家兵工厂迪厄多内·塞弗的支持。勃朗宁 GP35 大威力手枪的研发开始于第一次世界大战之后，当时法国军队正在寻求一种新式的军用手枪。FN 公司试图满足这一要求，于是委托勃朗宁来研发这款手枪。勃朗宁这时已经把 M1911 手枪的专利卖给了柯尔特公司，所以不能简单地仿造设计。虽然他依旧采用枪管短后坐式设计，但没有采用摆动连杆使套筒与枪管分离，而是使用了一个异形凸榫。还

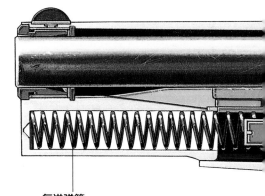

复进弹簧
完成后坐后，枪管下方的复进弹簧使套筒回到前方位置。

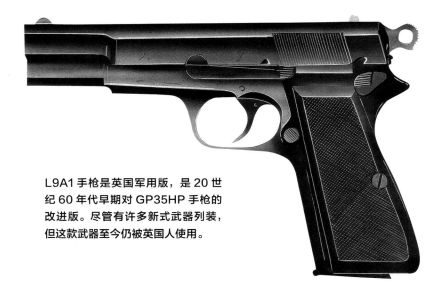

L9A1 手枪是英国军用版，是 20 世纪 60 年代早期对 GP35HP 手枪的改进版。尽管有许多新式武器列装，但这款武器至今仍被英国人使用。

有其他的区别，勃朗宁清楚地预测手枪的发展方向，所以他把枪的口径设计为9毫米，使用内部击针替代了击锤。他还修改了扳机装置，采用了阻铁杠杆。

1926年，勃朗宁因心脏病去世，没有完成手枪的研发塞弗接手了研发工作，并做了重大修改。塞弗重新采用了击锤装置，更重要的是他将弹匣改进为13发双排结构。在当时大多数军队都装备6发左轮手枪或8发自动手枪的情况下，这种弹匣设计提升了武器的持续火力性能。

手枪于1935年设计定型，被称为GP35大威力手枪。这个名字的由来是因为9毫米子弹比

枪管
枪管通过两个与凸轮啮合的凸榫锁定在套筒上。

勃朗宁GP35大威力手枪是一款经典、耐用的设计。在这个剖面图中，可以看到一发9毫米帕拉贝鲁姆子弹已经上膛，击锤已经抬起，准备击发。

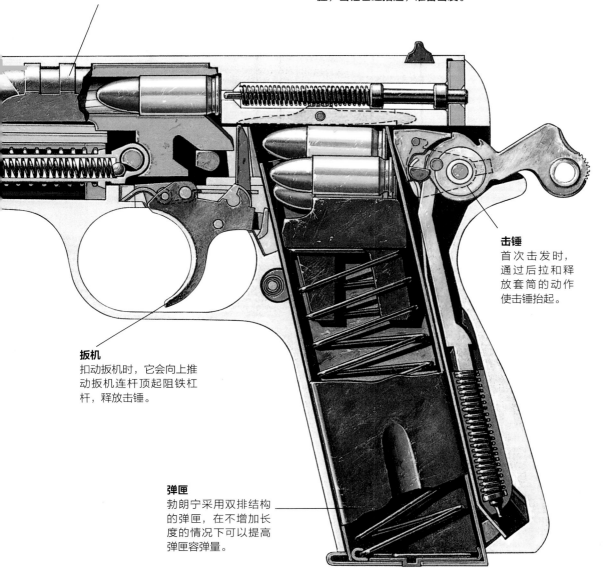

击锤
首次击发时，通过后拉和释放套筒的动作使击锤抬起。

扳机
扣动扳机时，它会向上推动扳机连杆顶起阻铁杠杆，释放击锤。

弹匣
勃朗宁采用双排结构的弹匣，在不增加长度的情况下可以提高弹匣容弹量。

勃朗宁双动手枪（BDA）是 20 世纪 80 年代推出的。它采用双动扳机机构，击锤由扳机完全控制。

之前的法国 8 毫米子弹威力更大，而且该枪还具备更大的子弹容量。具有讽刺意味的是，法国人最终没有采用该枪，但历史证明，他们这样做是错误的。

国际通用武器

GP35 手枪是一种优秀的武器。它具有 M1911 手枪的可靠性，并且大幅提高了弹药容量，具有 9 毫米口径手枪的射击平稳性，可以快速连续射击。比利时在 1941 年被占领之前共制造了 5.9 万支 GP35 手枪。纳粹德国制造了 32.9 万支 GP35 手枪，命名为 640(b) 手枪，大部分装备了纳粹德国武装党卫军和空降兵。相反，英国生产该枪的数量很少（塞弗和他的团队已逃至英国）。1945 年之前，加拿大英格利斯兵工厂为中国军队制造了 151816 支 GP35 手枪。

第二次世界大战后，GP35 手枪取得了更大的成功。英国、澳大利亚和加拿大军队非常相信它的品质，将其作为制式手枪列装部队。特种部队也批准使用该手枪，比如英国陆军特种部队完全信赖 G35 HP 手枪，将该枪作为备用武器。通过标准化设计，以及 FN 公司成功向北约成员国的推销，战后 GP35 HP 手枪的销量也非常大。HP 手枪也因此与 FN MAG 机枪、FN FAL 突击步枪一起，在轻武器市场占有一席之地。

GP35 HP 手枪在诞生半个多世纪之后仍然在几十个国家服役，它的设计也得到了改进。在

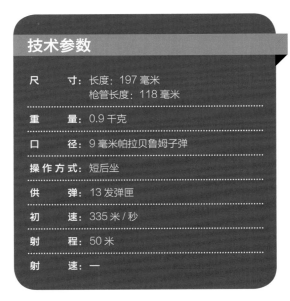

技术参数	
尺　　寸：	长度：197 毫米 枪管长度：118 毫米
重　　量：	0.9 千克
口　　径：	9 毫米帕拉贝鲁姆子弹
操作方式：	短后坐
供　　弹：	13 发弹匣
初　　速：	335 米／秒
射　　程：	50 米
射　　速：	一

在一次演习中，一名安保人员采用双手持枪姿势紧握勃朗宁 GP35 大威力手枪。

军事、执法和民用等领域出现了许多 GP35 HP 手枪的衍生枪型。例如，改进型 Mk 2 和 Mk 3 手枪具有更远的射程，增加了击针自动保险卡锁，改良了手枪握把。Mk 3 手枪与 Mk 2 手枪大体相同，只是改进了生产质量。

20 世纪 80 年代，FN 公司开始生产双动型 GP35 HP 手枪。在此之前，该枪是单动型枪机，射击前，必须手动拉动枪管套筒。采用双动模式扳机的 GP35 HP 手枪在子弹上膛的情况下，可以拔出手枪直接扣动扳机射击。勃朗宁双动手枪参与了美国陆军新型手枪的竞标，但最终输给了巴雷特 92 式手枪。

今天，尽管面临新一代手枪的冲击，但仍有数以百万计的勃朗宁大威力手枪在官方和非官方场合使用。在英国武装部队服役 60 多年后，勃朗宁大威力手枪正在被格洛克 17 手枪所取代，后者更轻、更精准。尽管如此，勃朗宁大威力手枪仍是轻武器发展史上具有里程碑意义的一款手枪。

手枪的局限

无论怎样描述手枪的性能，我们必须清楚地认识到手枪的局限性。手枪，即使在训练有素的枪手手里，也很难做到精确射击，有效射程不会超过 50 米。使用手枪射击时，哪怕射手瞄准偏差只有 1 毫米，子弹也有可能完全脱靶。此外，手枪子弹的威力非常有限，穿透能力较差。考虑到这些因素，手枪往往作为军事人员的备用武器或执法人员的便携武器。手枪使用者必须经过良好的射击训练，掌握正确的持枪和射击姿势，能够快速出枪射击，才能有效发挥手枪的作用——击中目标。

M1 加兰德步枪（1936）

毫不夸张地说，M1 加兰德步枪改变了步兵的面貌。作为历史上第一支符合军用标准的自动步枪，它在第二次世界大战中给美军带来了前所未有的火力优势。

M1 加兰德步枪的成功归功于法裔加拿大人约翰·加兰德，他于 20 世纪初来到美国斯普林菲尔德兵工厂工作。早在第一次世界大战爆发前，美国就已经对半自动步枪产生了浓厚的兴趣。加兰德于 1919 年开始了自己的实验。

经过一系列复杂的研发、试验、比较和测试，加兰德制造出了以 1933 为标志的 0.3 英寸口径的 M1 半自动步枪。虽然仍有许多机械问题需要解决，但最终该枪登上了舞台，于 1935 年列装美军部队。次年，该武器正式取代了斯普林菲尔德 M1903 步枪成为美军的制式步枪。

运行系统

M1 加兰德步枪具有革命性的原因，是因为

照门
M1 加兰德步枪有一个可调节的觇孔式照门；瞄准时，觇孔、片状准星、目标三点一线。

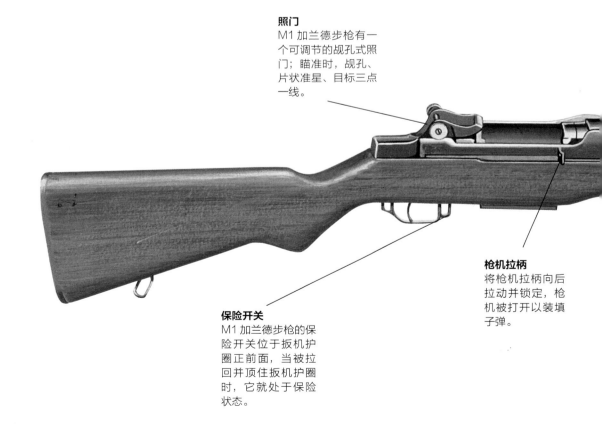

枪机拉柄
将枪机拉柄向后拉动并锁定，枪机被打开以装填子弹。

保险开关
M1 加兰德步枪的保险开关位于扳机护圈正前面，当被拉回并顶住扳机护圈时，它就处于保险状态。

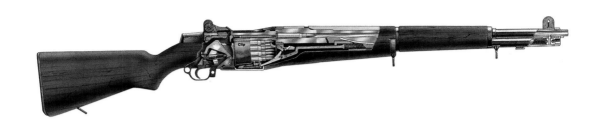

M1 加兰德步枪的供弹方式比较特殊，使用双排 8 发子弹的钢制弹匣从机匣上方装入弹仓。该枪具有非常光滑的枪身线条，从枪托底板到下护木使用单独一块木材制成。

枪托
加兰德步枪的枪托非常结实。制造商不同，扳机后面手枪式握把的曲线可能会有所不同。

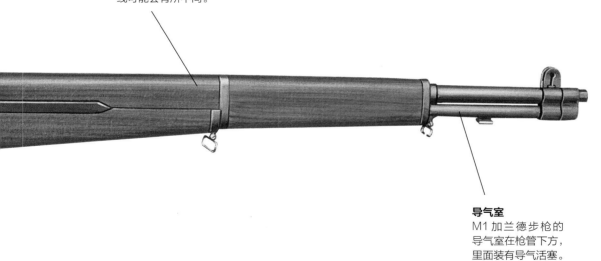

导气室
M1 加兰德步枪的导气室在枪管下方，里面装有导气活塞。

第二次世界大战期间，斯普林菲尔德兵工厂和温彻斯特兵工厂一共制造了 400 多万支 M1 加兰德步枪。

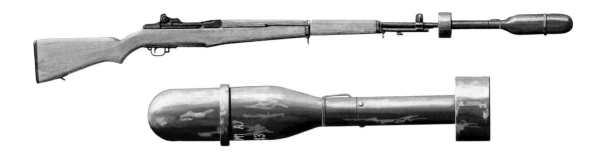

M1 加兰德步枪可以安装 M7 榴弹发射器。榴弹安装在枪管上，由特殊的空包弹发射。

它是一款半自动武器，只要扣动扳机就会击发。它也是一种导气式武器，射击时推进气体从枪口附近的枪管中排出，直接进入枪管下方的活塞导气室。推进气体推动活塞向后移动，并推动导杆旋转解锁枪机。随后，枪机在后坐过程中完成抽壳和抛壳，并将枪机拉回闭锁位置，然后复进弹簧推动导杆向前运动将另一发子弹上膛。

加兰德步枪的导气系统非常耐用，就像整枪一样，有结实的机件和坚固的枪管。唯一的缺点是 M1 步枪太重，空枪重达 4.37 千克。但从另一个角度来说，它的重量有助于控制子弹的后坐。加兰德步枪的内部弹仓可以装填 8 发子弹，通过一个整体弹夹一次性装填。向后拉动枪机拉柄，使枪机开锁，用拇指将弹匣整体垂直向下压入弹仓。弹匣装入弹仓后，松开拇指，枪机会自动前移将子弹上膛。如果弹匣卡得太紧，需要使用枪机拉柄来推动枪栓。装填子弹动作可以在几秒钟内完成，缩短了士兵手持空枪的危险时间。

必要情况下，8 发子弹可以连续射击，最后 1 发子弹射出后，弹匣会被抛出。掌握装弹动作需要进行一些练习，特别是枪手给尚未打空的弹匣补充子弹，需要更加灵活的操作。尽管弹匣弹出时会发出"呼"的响声，容易被敌人发现子弹已打完，但是美军官方还是推荐把枪打空再装填一个满弹匣。实际上这个问题被夸大了，因为在战斗中一般听不到这个声音。

火力优势

M1 加兰德步枪真正的优点在于它的火力优势，相对于栓动步枪更加明显。一名德国士兵使用卡尔 98k 毛瑟步枪可能需要 60 秒来快速连续发射约 15 发子弹，并要进行两次子弹装填。然

技术参数

尺　　寸	长度：1103 毫米 枪管长度：610 毫米
重　　量	4.37 千克
口　　径	0.30 英寸
操作方式	导气式半自动
供　　弹	8 发内置弹仓
初　　速	853 米 / 秒
射　　程	500 米
射　　速	一

而，同样的时间一名美国士兵使用 M1 加兰德步枪可以发射超过 30 发子弹，这意味着每名美国士兵可以提供至少两名德国士兵的压制火力。

在太平洋战场，这种快速火力能够在对敌多个目标之间快速转换，有效帮助美军应对大量日军的集团冲锋。最关键的是 M1 加兰德步枪也提高了火力性能和射击精准度，美军士兵不需要手动操作枪栓，在射击中可以始终瞄准目标。因此

不难理解像乔治·巴顿将军这样一个不轻易被打动的人，都将 M1 加兰德步枪称为"有史以来最伟大的战斗工具"。

1957 年，美国的 7.62 毫米 M14 自动步枪取代了 M1 加兰德步枪，但许多军人认为这不是一种进步。时至今日，M1 加兰德步枪仍然极具收藏价值。

班用武器

第二次世界大战期间，所有的军队都尝试在步兵班中分配火器，试图找到合适的火力平衡。一个步兵班里配发至少一支提供压制火力的全自动武器，几支用于近战的冲锋枪或卡宾枪，其他人员配备步枪。在美国陆军 12 人的步兵班中，最多有 9 名士兵配备 M1 加兰德步枪，1 名士兵携带提供压制火力的勃朗宁轻机枪。剩下的士兵，配备一支装有瞄准具的斯普林斯菲尔德 M1903 步枪，用于远距离的精确狙击。然而，战争期间步兵班的组成发生了变化，许多士兵配备了冲锋枪或卡宾枪，特别是战争期间这些武器的供应量也增加了。但毋庸置疑，M1 加兰德步枪仍然是美军战场火力的主要来源。

MG 34 通用机枪（1936）

MG 34 通用机枪是一种特殊的新型武器。在第二次世界大战期间，它成为盟军的噩梦。

在第一次世界大战期间，德国没有研发出非常成功的轻机枪，最好要算笨重的 MG 08/15 轻机枪。在两次世界大战期间，考虑到《凡尔赛和约》的限制，德国的武器设计人员开始着手研发下一代武器，但这是一件特别困难的事。不过，这时莱茵金属公司收购了瑞士的索洛图恩公司，因此莱茵金属公司的员工可以在瑞士的新基地、奥地利的斯太尔以及德国以外的一些地方进行新式武器的研发。

MG 34 通用机枪的开发经历了好几个阶段。第一种型号是 MG 13 机枪，使用 7.92 毫米 × 57 毫米子弹，由 25 发弹匣或 75 发弹鼓供弹。采用风冷结构，枪管上装有散热护套，前端装有两脚架，射速达到每分钟 650 发。1932 年，MG 15 机枪问世。它是 MG 30 航空机枪的改进型，配备了一个 75 发鞍形弹鼓，安装了两脚架。MG 15 机枪的出现推动了 MG 30 机枪的发展，采用了回转闭锁的短后坐系统，加装快速更换枪管装置。德国人很快意识到 MG 30 机枪在步兵和车载使用方面的潜力，就把该机枪交付毛瑟公司做进一步改进，最终研制出了革命性的 MG 34 通用机枪。

枪管
配备枪管快速更换装置，建议在快速射击 250 发子弹后更换枪管。

助推器
枪口的锥形助推器增加了后坐力。

MG 34 通用机枪安装了标定最大射程 2000 米的觇孔式可调瞄准具，每个调整刻度为 100 米。

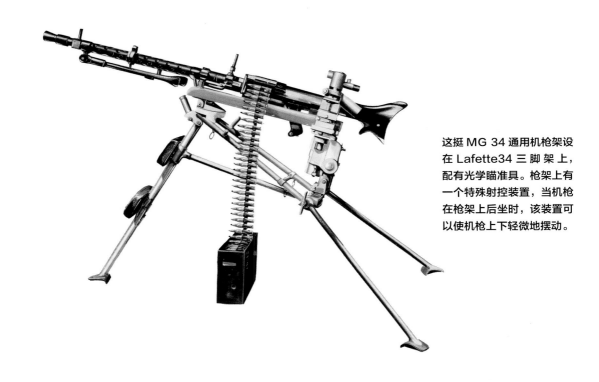

这挺 MG 34 通用机枪架设在 Lafette34 三脚架上，配有光学瞄准具。枪架上有一个特殊射控装置，当机枪在枪架上后坐时，该装置可以使机枪上下轻微地摆动。

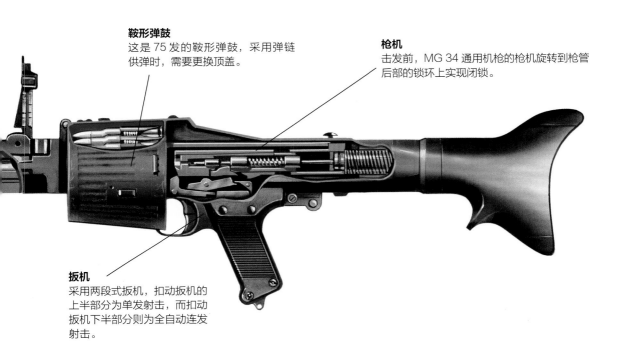

鞍形弹鼓
这是 75 发的鞍形弹鼓，采用弹链供弹时，需要更换顶盖。

枪机
击发前，MG 34 通用机枪的枪机旋转到枪管后部的锁环上实现闭锁。

扳机
采用两段式扳机，扣动扳机的上半部分为单发射击，而扣动扳机下半部分则为全自动连发射击。

战场通用性

按照最高标准制造的 MG 34 通用机枪是一种近乎完美的武器。它是一种短后坐武器，在击发前，枪机旋转到枪管后部的锁环上实现闭锁。击发后，枪管和枪机一起后坐约 20 毫米，同时枪机旋转并解锁，然后枪机压缩复进弹簧继续移动到后方。空弹壳从扳机护圈前面的抛壳口抛出。

枪管快速更换系统非常高效，机枪手只需按下机匣上的卡笋，将机匣旋转约 180°，然后将枪管抽出，按照相反的步骤安装新的枪管。整个过程可以在 10 至 15 秒内完成。供弹采用一个 75 发鞍形弹鼓或一个 250 发弹链，射速高达每分钟 800 到 900 发。射击模式由一个两段式扳机来控制，扣动扳机的上半部分为单发射击，而扣动扳机下半部分则为全自动连发射击。

MG 34 通用机枪的火力是毁灭性的，但是作为一款真正的"通用机枪"，它最大优势在于灵活性。将 MG 34 通用机枪安装在三脚架上可对指定目标进行持续直瞄和间瞄射击。

一个 MG 34 机枪组在城市作战行动中使用三脚架武器系统搜索目标。使用该型枪架，机枪可以预先设置以覆盖敌人的抵近路线。

Lafette 枪架可以配备光学瞄准具，使机枪火力能够覆盖半径 4 千米的范围。当安装在两脚架上时，突击队可以携带它向前推进，以提供机动压制火力。

多用途火器

该武器不仅供步兵使用，它也是一种理想的坦克武器，因为细长的枪管结构使其可以安装在固定炮塔底座或同轴球形底座上。1941 年，该枪通常配有一个坚固的枪管护套，以适应装甲车辆外部的恶劣条件。MG 34 机枪也被安装在炮塔支架上作为防空武器，或安装在共轴枪架上为步兵车辆提供重型防御火力。

"追猎者"和"突击炮"坦克歼击车配备了安装在遥控枪架上的顶装 MG 34 通用机枪，机枪手在车内相对安全的空间里遥控发射。MG 34 通

技术参数

尺　　寸	长度：1219 毫米 枪管长度：627 毫米
重　　量	11.5 千克
口　　径	7.92 毫米 ×57 毫米
操作方式	短后坐
供　　弹	250 发弹链供弹
初　　速	755 米 / 秒
射　　程	4000 米
射　　速	800~900 发 / 分钟

1942 年斯大林格勒，一个 MG 34 机枪组在防御战壕中。MG 34 通用机枪很容易受到战场灰尘和冰雪的影响而出现故障。

通用机枪

　　"通用机枪"在战争年代成为一类重要的武器，特别是在 20 世纪下半叶。战场上作战部队所需的火力可能因具体情况而发生变化。有时部队需要的是一挺轻机枪，能够在进攻时携行推进而提供直射火力。其他情况下，他们可能需要机枪从固定位置发射远程支援火力，或者安装在枪架上打击空中目标。同时机枪也能用于车辆防御。通用机枪通常是风冷型，采用可以快速更换的枪管，可以发射大威力步枪子弹。它可以安装在两脚架、三脚架、车辆同轴枪架或装甲车辆球型座等枪架上，实现不同的用途，比如 FN MAG 通用机枪和 M60 通用机枪。

用机枪也被改装用于要塞、海军甚至滑翔机上。

未来的模式

　　第二次世界大战期间，MG 34 通用机枪在轴心国军队服役。1935—1945 年，该机枪总共生产了 577120 挺。MG 34 通用机枪也并非十全十美，由于采用高公差制造，使得它对灰尘特别敏感，战斗中可能会突然出现故障。它的生产成本高，耗费工时长，因此纳粹德国从 1941 年开始寻找更便宜的替代武器。最终确定为 MG 42 通用机枪，它成功超越了 MG 34 通用机枪，不仅仅是因为它每分钟 1200 发的高射速，还因为它比 MG 34 通用机枪更加可靠，尽管它太不适合安装在军用车辆上。MG 42 通用机枪站在了 MG 34 通用机枪的肩膀上，给全世界上了一堂关于灵活火力的重要一课。

布伦式轻机枪（1938）

布伦式轻机枪是德国 MG 42 机枪的竞争对手。弹匣供弹、射击精确、射速平稳。布伦式轻机枪是一款备受青睐的武器。

布伦式轻机枪有一个非常熟悉的外观，主要是因为它弯曲的 30 发弹匣。它也被广泛认为是一种典型的英国武器，但实际上它起源于两次世界大战期间的捷克斯洛伐克。

20 世纪 20 年代，捷克布尔诺兵工厂生产了一种新型轻机枪，型号为 ZB26，采用 7.92 毫米 ×57 毫米毛瑟子弹。这是一种导气式武器，顶部装有 30 发弹匣，具有每分钟 500 发的稳定射速，采用快速更换枪管系统。该武器在试验中表现良好，改进型 ZB30 轻机枪被生产出来，发射机构进行了一些内部改进，以提高制造速度。

这款武器引起了英国人的注意，当时他们正在寻找一种新型轻机枪来取代古老的刘易斯式机枪。英国军队要求捷克人制造一种能使用 0.303 英寸凸缘弹，采用更短的枪管和英式瞄准具的武器。捷克人按照要求设计研发了 ZB33 轻机枪样枪，它是布伦式轻机枪的雏形。

布伦马克 4 轻机枪比布伦马克 1 轻机枪简化了很多，采用更短的枪管以便于在近战中使用。

调节器
气体调节器控制枪管进入导气室的发射气体流量。

两脚架
布伦马克 1 轻机枪安装可折叠的两脚架，但在后来的改进枪型上被换成固定式两脚架。

导气活塞
导气活塞的特点是在管壁上有通气口，活塞向后移动到一定距离，发射气体就会从通风口排出。

0.303 英寸凸缘弹在弹匣中呈一定角度叠放，这使得弹匣必须采用弯曲的形状。图上看到的是一发子弹的击发瞬间。

弹匣
在连续射击时一个 30 发弹匣会在大约 4 秒内被打光。

复进弹簧
布伦式轻机枪的复进弹簧位于枪托内，驱动一根复进导杆来完成复进动作。

扳机
保险选择杠杆在扳机上方，提供保险、单发或全自动连发射击模式。

布伦式轻机枪

捷克 ZGB VZ33 轻机枪是英国布伦式轻机枪的雏形。这些武器在今天非常罕见，备受追捧。

布伦式轻机枪的名字是由捷克布尔诺公司和英国恩菲尔德公司的名字组合而来。1938 年，布伦马克 1 轻机枪列装英国陆军和英联邦国家军队。

质量和设计

就战时经济而言，布伦式轻机枪并不是一款理想的武器。制造一个机匣就需要 10 千克的高质量钢锭并经过 226 道工序。但对质量的重视意味着布伦式轻机枪拥有超高的可靠性和耐用性。它是一种导气式武器，推进气体通过一个气体调节器从枪口导入导气室，推动活塞和枪机机构运动。调节器通过四个可调设置来提高机枪的可靠性；机枪手可以调整气体流量来补偿环境温度和污垢的影响。通过松开弹匣锁销，然后提起提把并拉出枪管来实现枪管的快速更换。提把可以避免枪手直接接触滚烫的枪管。

弧形弹匣是布伦式轻机枪容易出现故障的部件之一，它的形状由 0.303 英寸凸缘弹的外形决定。装填弹匣时，机枪手必须特别小心，一发子弹的底缘不要位于上一发子弹的底缘之后，否则会发生卡壳。另外，如果弹匣装满 30 发子弹，弹簧可能会损坏，所以通常只装 27 或 28 发子弹。

火力控制

只要正确装填、使用和维护保养布伦式轻机枪，它将非常可靠，英国士兵可以将生命托付于它。即便是在潮湿的缅甸丛林或泥泞的北欧土地等恶劣的战场条件下，布伦式轻机枪都能正常工作。尽管布伦式轻机枪顶部安装的弹匣需要射手偏移瞄准线，但它仍能够保证在 500 米射程范围内准确射击。机枪后坐力控制平稳，士兵可以使用枪带挂住机枪进行抵腰射击。

技术参数（马克 4）

尺 寸	长度：1156 毫米
	枪管长度：635 毫米
重 量	10.15 千克
口 径	0.303 英寸
工 作	导气式
供 弹	30 发盒式弹匣
枪口初速	731 米 / 秒
有效射程	500 米
射 速	500 发 / 分钟

通用运输车是一种轻型履带式装甲车，装备有布伦式轻机枪或博斯反坦克步枪。该车有一个三人车组。

布伦式轻机枪重量为10.15千克，这样的重量使得士兵能够携带它快速穿越战场。在长途行军时，通常需要分解后由两人分别携带。如果说在战术性能上还有缺点，那就是弹匣增大了枪的外形尺寸，不便于战时隐蔽和伪装。

布伦式轻机枪在战争中进行了一些改进，主要集中在简化结构和节约成本上，一些改进型，如马克3和马克4机枪，采用更短的枪管，便于丛林作战。布伦式轻机枪通常安装在一些军用车辆上，比较著名的是安装在履带式装甲车上，因此该车被称为布伦式轻机枪运载车。

1945年战争结束后，布伦式轻机枪仍在英国陆军服役了很多年。在北约标准化时代，布伦式轻机枪被改装成L4系列机枪，使用7.62毫米×51毫米的北约标准子弹。L4机枪甚至可以使用L1A1自动步枪的20发弹匣。该系列采用新式消焰器和退弹器组件，并最终在L4A4机枪达到了极致。L4A4机枪采用镀铬枪管，非常耐用。与其他武器一样，布伦式轻机枪最终无法跟随时代的发展。最终布伦式轻机枪被采用弹链供弹、可以提供持续火力的FN MAG通用机枪取代。轻机枪的角色也被新一代5.56毫米口径机枪所代替。

战斗中的布伦式轻机枪

布伦式轻机枪通常由一个两人小组操作，一个小组通常为步兵提供支援火力。基本分工是一个人充当机枪手，副机枪手负责携带枪管、弹药和工具，随时准备在战斗中快速更换枪管。机枪手通常依托两脚架实施四发或五发短点射，再多的话容易吸引敌人的反击火力，同时也会增加枪管更换的频率。由于该枪射击非常精准，射手在保持稳定射击的同时需要不断横向摆动，以提供更大的火力覆盖范围。事实上，一些士兵反而认为布伦式轻机枪精度过高是个弊端，他们甚至更喜欢使用磨损的枪管，来扩大轻机枪的散布面。

瓦尔特 P38 手枪（1938）

第二次世界大战初期，德军一直寻找能够替代鲁格 P-08 手枪的制式军用手枪。最终替代它的是瓦尔特 P38 手枪。

鲁格手枪为德军服役了 30 多年并备受尊崇，但它自身也有一些问题。肘节式起落闭锁系统对灰尘和碎片非常敏感，容易导致卡壳和其他故障。另外，鲁格手枪的生产成本很高。随着战争临近，德国的物资需求不断扩大，德军越来越希望寻求一种更适合大规模批量生产的武器。

瓦尔特 P38 手枪就是这样一种武器，它符合德国军方关于高标准设计和制造质量的要求。

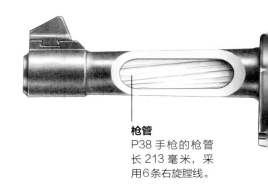

枪管
P38 手枪的枪管长 213 毫米，采用6条右旋膛线。

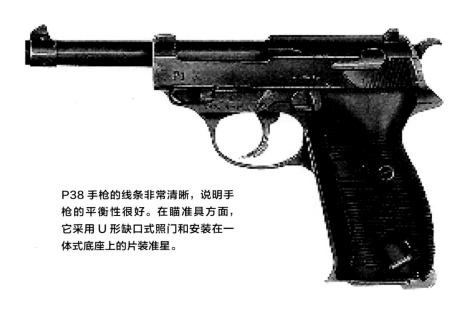

P38 手枪的线条非常清晰，说明手枪的平衡性很好。在瞄准具方面，它采用 U 形缺口式照门和安装在一体式底座上的片装准星。

这也是瓦尔特 P38 手枪的成功之处，直到现在还继续装备军队和警务人员。

P38手枪的发展历程

瓦尔特公司成立于 1886 年，20 世纪初期，开始生产第一款半自动手枪。其中，PP 警用手枪是一种紧凑的 7.65 毫米口径自由枪机式手枪，具有双动扳机机构（第一款自动扳机机构）和优美的造型，非常适合执法部门使用。20 世纪 30 年代末，当德军组织新型军用手枪的采购招标时，瓦尔特公司采用9毫米版本的PP警用手枪参加了竞标。因为大家普遍认为 9 毫米口径武器需要采用闭锁式枪膛（实践证明这是错误的），该枪竞标没有成功。因此，瓦尔特又研发了另外一种手枪，即 AP 军用

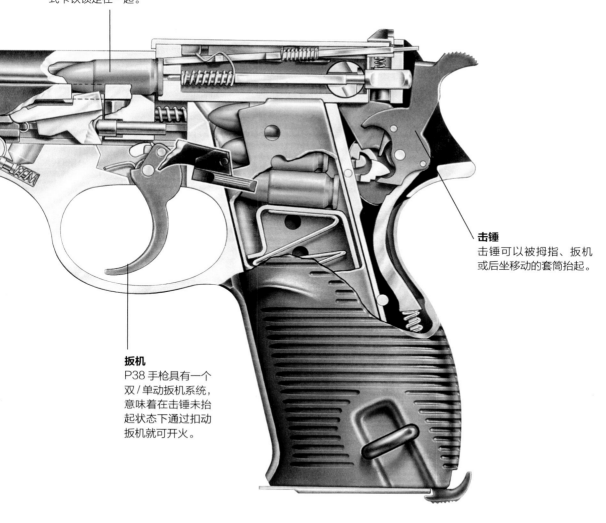

闭锁式枪膛
这里可以看见一发子弹已上膛，套筒和枪膛被一个起落式卡铁锁定在一起。

击锤
击锤可以被拇指、扳机或后坐移动的套筒抬起。

扳机
P38 手枪具有一个双／单动扳机系统，意味着在击锤未抬起状态下通过扣动扳机就可开火。

手枪。虽然采用了德国军方可以接受的枪管短后坐系统，但由于其隐藏式击锤设计，最终竞标失败。德国军械管理局认为采用非隐藏式击锤可以清晰判断枪机是否处于待击发状态。

瓦尔特公司继续开发了 HP 手枪，这一次采用了外部击锤设计，使用 8 发弹匣供弹。该枪逐渐展现出瓦尔特 P38 手枪的基本外形。实际上，HP 手枪本质上就是瓦尔特 P38 手枪，只是为了商业销售而进行了改进。

HP 手枪生产了约 3 万支，其中一些甚至使用 0.30 英寸口径。HP 手枪与后来的 P38 手枪之间的主要区别在于其击针、抽壳器、闭锁杠杆、套筒止动杆和手枪握把护片等设计。

1938 年，HP 手枪正式通过了德国军方的验收，列入制式装备序列，第二年开始投入生产的型号为瓦尔特 P38 手枪。随着一些设计细节问题逐渐解决，该枪于 1940 年开始全面量产。

闭锁式枪膛

P38 手枪的核心是一个闭锁式枪膛的短后坐

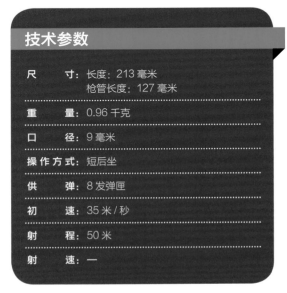

技术参数

尺　　寸	长度：213 毫米 枪管长度：127 毫米
重　　量	0.96 千克
口　　径	9 毫米
操作方式	短后坐
供　　弹	8 发弹匣
初　　速	35 米 / 秒
射　　程	50 米
射　　速	一

系统。为了将枪膛和套筒锁定在一起，瓦尔特使用了一个楔形摆动卡铁。击发前，它将枪管和套筒牢牢地固定在一起。后坐时，卡铁会向下摆动以释放套筒，使套筒在两侧的双复进弹簧压力下完成全部的后坐行程。当复进弹簧将枪重新置于待击发状态时，闭锁卡铁将重新啮合。在后坐阶段，击锤也被锁定并进入待击发状态。P38 手枪是一款双动武器，子弹上膛打开击锤，只要扣动扳机就会使击锤抬起并落下并击发子弹。然后，击锤将被套筒重新抬起，该枪会以单动模式射击。

P38 手枪具有许多明显的特性，同时也是一款非常安全的手枪。它有一个外部保险可以锁住击针，并且还有一个上膛指示器，子弹上膛套筒后端出现一个凸起。

赢得声誉

P38 手枪得到了前线使用人员的喜爱。它的平衡性非常好，是一把高精度手枪。随着它越来越受欢迎，同时德国政府要求增加枪支的生产，P38 手枪的产量大幅增加，毛瑟在奥本多夫、斯普利沃克在格罗图分别建立了新的生产工厂，零部件也在比利时和捷克斯洛伐克被占领的枪支工厂制造。

P38 手枪产量非常高。仅瓦尔特一家工厂就生产了 584500 支枪，而毛瑟生产了 323000 支，斯普利沃克生产了 283300 支。因此，从 20 世纪 30 年代末到 1945 年战争结束，共生产和销售了 100 多万支 P38 手枪。

1944—1945 年，随着德国进入财政紧缩时期，P38 手枪的质量确实有所下降。材料质量变得更加低劣，特别是金属材料和手枪握把等相关材料。尽管如此，P38 手枪仍然是一款与鲁格手枪齐名并深受欢迎的武器。

第二次世界大战后的服役

战争期间生产的 P38 手枪数量之大，保证了该手枪在战后通过战争剩余和新品生产的方式，仍然保持着旺盛的生命力。在冷战时期的苏联，磨去纳粹标记的 P38 手枪，有的流到平民手中，有的被警察使用。在西方，美国管辖下的大多数安全部队最初都使用美国武器，从 1945 年到 1957 年，P38 手枪停止生产。然而，在 1955 年随着德国联邦国防军的成立，情况发生了变化。德国再次拥有一支需要武器的军事力量，并宣布将 P38 手枪作为军用制式手枪。因此，瓦尔特公司不得不再次为手枪生产做准备。当时，瓦尔特公司主

要生产基地是乌尔姆－多瑙，以前的工厂在战争后期已被苏联摧毁。自此，瓦尔特 P38 手枪重新获得了生命，尽管它已被称为 P1 手枪。

瓦尔特公司为德国联邦国防军生产了 10 万把 P1 手枪，而且也获得外国军事和执法部门的大量订单。购买 P1 手枪的国家包括奥地利、挪威、葡萄牙、南非、巴基斯坦、法国、加纳、阿根廷、加拿大、智利、哥伦比亚、秘鲁、乌拉圭和委内瑞拉。在德国，P1 手枪继续作为制式手枪，直到 1994 年才被黑克勒－科赫 P8 手枪取代。

MP 38/MP 40 冲锋枪（1938）

由伯格曼 MP 18 冲锋枪可知，第一次世界大战中德国一直引领冲锋枪的发展。第二次世界大战中，德国的冲锋枪继续以创新和睿智的设计保持引领地位。

第一次世界大战后，由于各种政治和军事的原因，德国人对冲锋枪的兴趣似乎有所下降，但是有些研发工作仍在国外秘密进行。1933 年德国开始了一项激进的重整军备计划，20 世纪 30 年代末期，德国人又重新燃起对冲锋枪的兴趣。他们需要一种适用于德国现代化和机械化军队的新型全自动武器。这种武器必须同时适用于坦克、装甲车的乘员和普通的前线步兵，而且要便于维护和使用。

伯索德·盖佩尔 1922 年创立的埃尔马兵工厂完成了这一任务。盖佩尔和他的首席设计师海因里希·沃尔默制造了一种武器，改变了人们对现代武器设计的认识。这款枪就是 MP 38 冲锋枪。

设计特点

MP 38 冲锋枪最显著的特点是它近乎全金属的设计。传统武器上的木制枪托被替换成了金属枪托，它可以折叠在枪身下方，以减小体积便于存放。

枪管钩形卡榫
MP 38 冲锋枪和 MP 40 冲锋枪的特点是枪管下有一个钩形卡榫，用来卡在车辆的边缘，以稳定和控制火力。

枪机
枪机（红色）已经装填并击发了一枚 9 毫米口径子弹，击针穿过枪机的中心。

MP 38 冲锋枪和 MP 40 冲锋枪只有全自动射击模式，但是通过控制轻扣扳机可以实现相对低速的点射。

这张 MP 40 冲锋枪的分解图显示了该枪的主要零部件。战争期间，不同的零配件通常由小作坊生产。

阻铁
当枪处于待击发状态时，阻铁杠杆将枪机锁定在后部，扣动扳机释放枪机来取弹、上膛和击发。

枪托
金属枪托可以向前旋转折叠，平放在机匣下方。

MP 38 冲锋枪和 MP 40 冲锋枪经常被盟军士兵称为"施迈瑟"。实际上，雨果·施迈瑟不是这两款武器的设计师。

握把和扳机前面的握柄使用胶木或塑料材质。操作方面，MP 38 冲锋枪采用简单的自由枪机式原理，射速达到每分钟 500 发，采用单排 32 发弹匣供弹。使用 MP 38 冲锋枪射击并不比 MP 18 冲锋枪顺畅，但足以胜任它的职责。

合理化生产

自由枪机式原理很简单，它是 MP38 冲锋枪的核心。在复进弹簧压力下，巨大的枪机能在击发时将子弹固定到位。

反向作用在弹壳上的后坐力推动枪机直接向后运动从而实现抽壳和抛壳，之后枪机在复进弹簧的推动下重新提弹上膛并完成击发。

在战时条件下，MP 38 冲锋枪需要降低成本，并尽快地大规模批量生产。因此，MP 40 冲锋枪在 1940 年诞生了。本质上它们是相同的，但 MP 40 冲锋枪大量采用冲压和焊接工艺取代了 MP 38 冲锋枪昂贵的机加工艺。机匣、弹匣释放卡榫和抛壳机构也有一些细小的改进。

随着 MP 40 冲锋枪的问世，德国冲锋枪的产量显著提高。由于采用新的生产工艺，不再需要专门的工程设备，该枪可以在普通车间进行组装。事实上，在整个战争期间，大约生产了超过 100 万支 MP 38/40 冲锋枪。德国廉价枪械制造方法也被许多国家模仿。

说到这一点，德国的对手往往比德国人更精通大规模生产的技术。例如，英国在战争年代生产了大约 400 万支司登冲锋枪，而苏联则生产了 600 万支波波沙冲锋枪。

技术参数

尺　寸：	长度：枪托展开 832 毫米
	枪托折叠 629 毫米
	枪管长度：248 毫米
重　量：	3.97 千克
口　径：	9 毫米帕拉贝鲁姆子弹
操作方式：	自由枪机
供　弹：	32 发弹匣
初　速：	380 米 / 秒
射　程：	100 米
射　速：	500 发 / 分钟

实战检验

在德国军队中，MP 40 冲锋枪是一款很受欢迎的武器。近战中，它远比标配的 5 发弹仓栓动式卡尔 98k 步枪更具优势。MP 40 冲锋枪具有良好的射击稳定性，在 100 米的射程内有相当高的射击精准度。

然而，MP 40 冲锋枪也有缺陷。它的最大缺点是 32 发的竖直长弹匣。这使士兵在卧姿射击时必须努力降低射击姿态。竖直长弹匣供弹性能还比较差，经常造成漏弹和卡壳。

此外，枪机拉柄位于机匣左侧，有一个敞开的狭缝，这个狭缝和敞开的抛壳口会使灰尘和碎屑不断堆积，尽管强力的复进弹簧和枪机可以挤碎许多异物，但仍可能会卡住枪支而引发故障。

MP 40 冲锋枪在极端寒冷的条件下也会发生一些稀奇古怪的故障，有时是因为德军士兵没有充分的维护保养难以适应东线战场寒冷的气候。所以经常有德国士兵使用缴获的苏联冲锋枪而不使用配发的 MP 40 冲锋枪。无论天气如何，苏联的武器都极具可靠性。

MP 40 冲锋枪在战争结束后停止生产，尽管在一些民用市场仍然可以买到仿制的半自动枪型。战争剩余的枪支在其他地方继续发挥作用，比如早期的以色列军队和希腊内战的交战双方。

挪威陆军将 MP 40 冲锋枪作为制式武器一直使用到 20 世纪 70 年代，几家主要枪支制造商使用 MP 40 冲锋枪的部件来启发现代冲锋枪的设计灵感。MP 40 冲锋枪在伊拉克战争中得以继续使用，也充分证明了它的优良品质。

城市作战和冲锋枪

与第一次世界大战不同的是，第二次世界大战期间大部分战斗都发生在城市，这也是冲锋枪成为重要武器的一个因素。右图中可以看到 1942 年斯大林格勒大街上，正在战斗的两个德国士兵。城市作战双方距离很近，通常在 50 米以内，所以冲锋枪很适合这样的近战。手枪口径的子弹后坐力更小，使用全自动射击方式的 MP 40 冲锋枪能够更完美地射击稍纵即逝的目标。冲锋枪还降低了栓动步枪的装填频

率，近战中手动装弹可能会导致更多的人流血牺牲。苏联用于波波沙 41/ 波波沙 43 冲锋枪的 7.62 毫米 ×25 毫米弹药似乎比 9 毫米口径帕拉贝鲁姆子弹在近距离具有更好的穿透力。

司登 Mk 2 冲锋枪（1941）

司登冲锋枪算不上是一种精密的武器。尽管制造粗糙且可靠性差，它还是确保了英国陆军在 1941—1945 年期间拥有一款冲锋枪投入战斗。

20 世纪 40 年中期，英国陆军处于危险状态。敦刻尔克大撤退之后，英国派驻法国远征军的大量武器都丢弃在欧洲大陆上。此外，它的工业基础还没有适应战争的要求。

在轻武器方面，英军武器装备序列里差距最大的就是冲锋枪。虽然有少量的汤普森冲锋枪，但英国需要的是类似于德国 MP 40 冲锋枪的，一种便宜又能大规模批量生产的武器。

投入武器设计工作的两个人是谢泼德和杜赛宾，他们都是恩菲尔德兵工厂的雇员。他们致力于研发一种真正实用的武器，可以大规模批量生产，同时能够减轻英国的战时经济压力。设计研发工作于 1941 年 1 月完成。

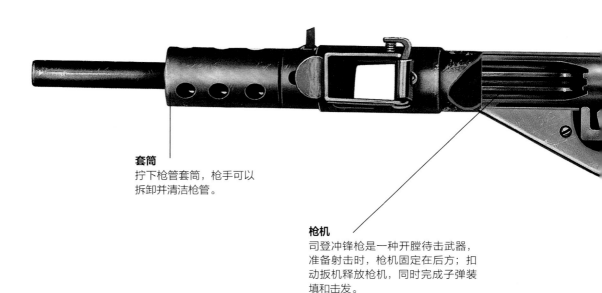

套筒
拧下枪管套筒，枪手可以拆卸并清洁枪管。

枪机
司登冲锋枪是一种开膛待击武器，准备射击时，枪机固定在后方；扣动扳机释放枪机，同时完成子弹装填和击发。

司登 Mk 2 冲锋枪是一种粗糙但有效的设计，旨在为英国和英联邦士兵提供一款冲锋枪。

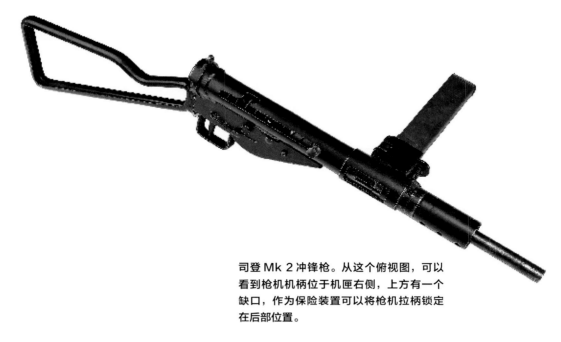

司登 Mk 2 冲锋枪。从这个俯视图，可以
看到枪机机柄位于机匣右侧，上方有一个
缺口，作为保险装置可以将枪机拉柄锁定
在后部位置。

简捷后坐
司登冲锋枪采用简单的后坐原
理，操作机构仅由枪机和复进弹
簧组成。

枪托
司登冲锋枪的管状金属枪托有两种版本，
一种是金属框架型，另一种是单管型。

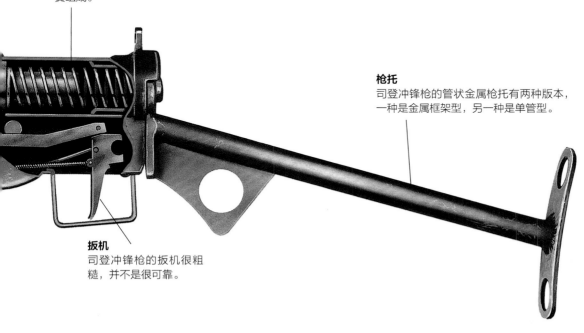

扳机
司登冲锋枪的扳机很粗
糙，并不是很可靠。

消声器型司登 MK 2S。大型整体式消声器的工作原理是通过隔板吸收膨胀的燃烧气体。最好只在单发模式下使用该武器。

基本结构

他们设计的武器是"卡宾枪 N.O.T.40/1"，经过试验和验收后，它以司登 Mk 1 冲锋枪命名并投入生产，这个名字融合了谢泼德、杜赛宾和武器产地恩菲尔德的首字母。

司登冲锋明显很粗糙。实质上，它由一根容纳自由枪机的管子组成，配有一支枪管、一个管状金属枪托和一个可容纳 32 发 9 毫米帕拉贝鲁姆子弹的侧装弹匣。不可否认，该枪非常廉价，尽管有一个符合人体工程学设计的木制折叠握把，还有一个抑制枪口跳动的勺状枪口补偿器，但该枪还是使用了大量便宜的钢管、冲压件、焊接接头、木制下护木和枪托插件。司登冲锋枪可靠性

很好，它总共生产了大约 10 万支。但是 Mk 1 冲锋枪很快就被 Mk 2 冲锋枪取代。这个型号将枪的效用提升到一个新的水平。Mk 1 冲锋枪较长的枪管护套被一个打孔短护套取代，这个护套可以作为螺帽拧在枪管上，取消了所有的木制配件、前握把和枪口补偿器。剩下的都是功能性部件，没有多余的部件。英国士兵把司登冲锋枪称为"水管工的杰作"。

数量，而不是质量

司登冲锋枪算不上是一支好枪。由于采用双排单进的供弹射击，供弹系统可能出现无法预测的故障。士兵习惯性地将弹匣作为侧握把，会使供弹角度发生改变而增加了故障发生的概率。如果枪机向前且有一发子弹已上膛，则严重的撞击可能会导致走火。有时选择单发或全自动模式会产生相反的射击模式。司登冲锋枪也不便于操纵。金属枪托抵肩不是很舒适，并且使用 100 码（1 码约等于 0.91 米）固定照门瞄准常常让士兵感觉不舒服。

尽管司登冲锋枪这么糟糕，只要及时维护和正确操作，司登冲锋枪能以每分钟 550 发的射速发射 9 毫米口径子弹。但重要的是，它的产量巨大，大约有 400 万支司登冲锋枪在战争中交付使用，其中 200 万支是司登 Mk 2 冲锋枪。

Mk 2 系列冲锋枪还不是司登枪族的最终版

技术参数

尺　寸	长度：762 毫米 枪管长度：196 毫米
重　量	2.95 千克
口　径	9 毫米帕拉贝鲁姆子弹
操作方式	自由枪机
供　弹	32 发弹匣
初　速	380 米/秒
射　程	100 米
射　速	550 发/分钟

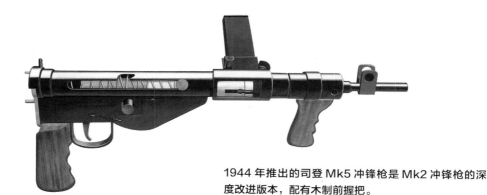

1944 年推出的司登 Mk5 冲锋枪是 Mk2 冲锋枪的深度改进版本，配有木制前握把。

本。司登 Mk 2S 冲锋枪是一个限量版本，安装了整体型消声器，专门供英国突击队和其他特种部队使用。1943—1944 年生产的 Mk 3 冲锋枪是 Mk 1 冲锋枪的简化枪型，使用不可拆卸的枪管和无孔长枪管护套。1944 年，英军试图将司登改进为 Mk 5 冲锋枪，制造商改善了整体外观质量，增加了一个木制的枪托和前握把，安装了 4 号步枪瞄准具。这勉强称得上是一种改进，但由于工作机构和弹匣没有发生根本性变化，仍然存在可靠性问题。MK 6 冲锋枪是该枪的无声枪型。20世纪 50 年代，该枪最终被斯特林冲锋枪取代。

司登冲锋枪的最大的优势它巨大的产能，俗话说"数量本身就是质量"。许多国家都生产该枪的仿制品或改进型，甚至德国人也生产了他们自己的司登版本 MP 3008 冲锋枪，足以证明这个设计本身还是有一些优点。这不是一支极好的枪，但是它为英国人民提供了一个极其宝贵的战斗工具。

反抗组织使用

　　司登冲锋枪被大量提供给世界各地的反抗组织使用，从法国到东南亚。作为一款反抗组织使用武器，司登冲锋枪有很多优点。首先它很便宜，免费援助的武器不会让盟军花费大量的资金。其次，一旦司登冲锋枪被分解成零件，可以装在很小的包裹里，是它成为秘密运送到反抗战士手中的理想武器。司登冲锋枪使用的 9 毫米帕拉贝鲁姆手枪子弹，是一种通用性很强的子弹，士兵可以从德国人手里缴获。该武器操作简单，维护方便，战士们投入战斗时几乎不需要任何训练。游击队常用湿抹布把枪管包起来，使司登冲锋枪的枪声听起来更像是重武器。

波波沙冲锋枪（1941）

用一个词概括波波沙冲锋枪的性能，那就是可靠。不管是何种天气，使用何种类型或多少数量的弹药，波波沙冲锋枪都能够保持持续的火力。

1939 年加入第二次世界大战时，苏联的武器库中已经有了少量的冲锋枪。比如 PPD-34/38 冲锋枪和 PPD-40 冲锋枪，都是可靠的武器，但大部分不是从战争需求角度设计的，不需要迫切提高性价比。20 世纪 40 年代初期，随着战争规模不断扩大，苏联需要一种更便宜、更简单，且能在近战中发挥一定威力的新式冲锋枪。

芬兰人使用冲锋枪对于装备大量步枪的苏联红军来说是一场噩梦。

苏联人很快意识到冲锋枪在战场上的战术优势。此外，1941 年 6 月，在德军对苏联发动的毁灭性侵略中，苏军损失了大量的轻武器。乔治·S. 什帕金提出了解决这些问题的方案。

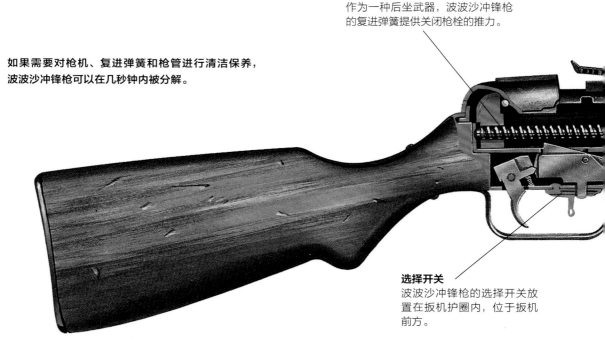

复进弹簧
作为一种后坐武器，波波沙冲锋枪的复进弹簧提供关闭枪栓的推力。

如果需要对枪机、复进弹簧和枪管进行清洁保养，波波沙冲锋枪可以在几秒钟内被分解。

选择开关
波波沙冲锋枪的选择开关放置在扳机护圈内，位于扳机前方。

波波沙冲锋枪是实用工程的杰作。在每分钟
900 发的射速下，它可以在五秒钟内打完
71 发弹鼓。

枪机
波波沙冲锋枪枪机的侧
面设有凹槽，以控制灰
尘和其他异物的侵入。

枪管柱销
为了便于清洁，枪管前部用柱销固
定在机匣上，柱销位于弹匣卡槽
前面。

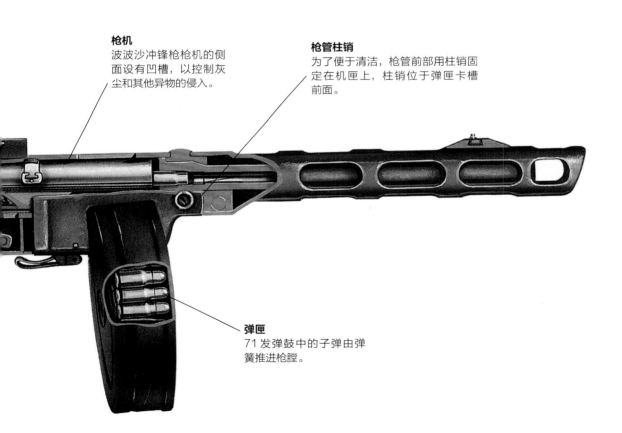

弹匣
71 发弹鼓中的子弹由弹
簧推进枪膛。

装备波波沙冲锋枪和莫辛－纳甘步枪的苏联红军部队从战壕阵地发起攻击。波波沙冲锋枪在 150 米的范围内成为战斗的主角。

可靠的工作

什帕金设计制造的波波沙冲锋枪，绝对是有史以来最好的冲锋枪之一。它最显著的特性就是可靠性。采用简单的开放式后坐枪机设计，将击针设置在枪机表面（而不是采用单独的击针）以保证设计的简捷。

该构造对灰尘侵入具有高度的耐受性，对异物具有一定的"松散度"，枪管内层镀铬，经久耐用。士兵们仅仅需要保持武器的合理清洁和适当润滑（经常在冬季使用煤油来保养），就能保证它的可靠性。

波波沙冲锋枪与其他冲锋枪不同，它并不使用 9 毫米口径子弹，而是使用苏联的 7.62 毫米 × 25 毫米子弹。这种子弹有更强的穿透力。由一个弧形的 35 发弹匣或一个大型 71 发弹鼓供弹。无论使用哪种供弹方式，子弹都会很快打完。波波沙冲锋枪是一种全自动武器（早期型号的射击模式选择开关被取消），其循环射速为每分钟 900 发，几乎是 MP 40 冲锋枪的 2 倍。

技术参数

尺　　寸：	长度：838 毫米 枪管长度：266 毫米
重　　量：	3.64 千克
口　　径：	7.62 毫米 ×25 毫米
操作方式：	自由枪机
供　　弹：	35 发弹匣或 71 发弹鼓
初　　速：	500 米/秒
射　　程：	150 米
射　　速：	900 发/分钟

枪口补偿器有助于消除枪口跳动造成的影响。1943 年随着波波沙冲锋枪不断装备部队，苏联红军规模轻武器的火力优势凸显。事实上，苏联在冲锋枪的列装上投入了大量资金，拥有冲锋枪的人员比例远远高于同等规模的德国部队。

在诸如斯大林格勒的城市作战或者在列宁格勒周围的阵地战中，这种武器常常在小分队行动中给苏联士兵带来决定性的优势。

因此，经常有德国士兵使用缴获的波波沙冲锋枪，而不使用自己配发的武器。

在包括朝鲜战争和越南战争在内的许多战后冲突中，波波沙冲锋枪都有突出的表现，并且长期活跃在世界上很多战乱地区。虽然突击步枪的诞生逐渐削弱了冲锋枪的根基，AK-47 突击步枪最终同时取代了步枪和冲锋枪，但波波沙冲锋枪强大的火力使得它在今天依然是一种受人尊敬的武器。

人民的武器

波波沙冲锋枪体现了苏联武器体系发展的基本原则。波波沙冲锋枪、波波沙 43 冲锋枪、莫辛-纳甘步枪和 AK-47 突击步枪等枪械都非常注重可靠性，而不关注实战条件下可能失效的复杂功能。此外，像波波沙冲锋枪这样的武器可以在没有复杂零部件供应和技术专家支持的情况下进行维护和操作。这就是为什么该武器成为苏联游击队的最爱。他们在敌后纵深作战，控制了白俄罗斯、俄罗斯西部和乌克兰的大片地区，给德国占领者造成严重伤亡和后勤补给问题。游击队伏击的典型方式是突袭后迅速撤离，在小规模的攻击时，波波沙冲锋枪可以通过获取短暂的火力优势而压制敌人。

MG 42 通用机枪（1942）

MG 42 通用机枪几乎不需要介绍。这款惊人的武器成为第二次世界大战及战后机枪设计的典范，并且获得了惊人的战场声誉延续至今。

与许多第二次世界大战期间发展起来的武器一样，MG 42 通用机枪是德国在适应战时经济状况条件下，设计研发的一种精良的战斗武器。正如我们所看到的，MG 34 机枪为德军提供了一种很好的通用机枪，但需要更简单和更耐用的通用机枪。MG 42 通用机枪应运而生。

新进展

MG 42 通用机枪的原型实际上是 1938—

1941 年之间设计研发的一款全新的机枪。在某些方面，它与 MG 34 机枪相同，也是一种枪管短后坐弹链供弹式机枪，发射 7.92 毫米 x 57 毫米毛瑟步枪子弹。MG 34 机枪能以每分钟 900 发的射速射击，但 MG 42 机枪射速可以达到每分钟 1200 发。因为它采用了一种新的反后坐机制。

MG 42 通用机枪没有采用 MG 34 通用机枪的旋转枪机，而是通过两个锁定滚柱将枪机固定

枪口助推器
枪口助推器增加了枪管的后坐力，因此提高了机枪的射速。

枪管
MG 42 机枪的枪管长533 毫米，采用四槽右旋膛线模式。

MG 42 机枪是单管便携机枪中平均射速最高的一款，射速在每分钟 1200 发至 1500 发之间。

这张 MG 42 机枪右侧视图清楚地显示了枪管套筒中的插槽，通过它可以在 5 秒内完成枪管更换。

枪机
在这里，枪机将子弹推入枪膛，两个闭锁滚柱向外倾斜进入枪管延伸部分的凹槽里，将枪机锁定。

枪托
"直线式"枪托将后坐力直接传递到机枪手的肩膀上。

复进簧
MG 42 机枪强大的螺旋弹簧可以应对每分钟 1200 发的射速。

弹链供弹系统
50 发弹链可以连接在一起形成分段式散弹链。

在枪管延伸部分两侧的凹槽中。这些滚柱可以在最高的射击压力下把枪管和枪机锁定在一起，但是当枪管和枪机后坐时（在枪口助推器的辅助下加速），滚柱被开锁斜面挤压向内倾斜，以使枪机分离并完成后坐过程。枪机的往复运动也提供了

东线的一名德国士兵已准备好他的 MG 42 机枪。后瞄准具可以瞄准调整 100 米至 2000 米间的射击距离。

机械驱动力来拉动 50 发弹链通过机枪。这套系统运行速度很快，但很可靠，MG 42 通用机枪比 MG 34 通用机枪更能承受战场上的碎屑。

此外，对枪管更换系统进行了改进，使更换速度更快。只需将左侧的锁紧手柄向前推，将发热的枪管从套筒中取出，插入新枪管然后将手柄锁紧即可。训练有素的机枪手更换枪管不超过 5 秒。

枪管通常射击 250 发子弹后进行更换，通常是 0.5~1 秒的短促射击。在紧急情况下，一个枪管可以射击大约 400 发子弹，但这时枪管可能会热得通红。

MG 42 通用机枪标配步兵两脚架，它也可以安装在各种车辆、要塞和防空支架上。

技术参数

尺 寸	长度：1219 毫米 枪管长度：533 毫米
重 量	11.5 千克
口 径	7.62 毫米 ×57 毫米毛瑟子弹
操作方式	短后坐式
供 弹	50 发弹链
初 速	755 米 / 秒
射 程	2000 米
射 速	1200 发 / 分钟

火力支配

1942—1945 年期间，总共生产了超过 42
万支 MG 42 通用机枪。在各条战线的战斗中，
只要有一挺 MG 42 通用机枪，就能消灭一个连
的盟军，更不用说几挺机枪协同作战。该枪射速
极高，短促射击一秒钟能发射 20 发高速子弹，其
有效射程远远超过 1 英里。那些被击中的人将粉
身碎骨，而他们周围的人将不得不躲进坚固的防
御工事。

机枪的噪声成了该武器的标志。因为射击间
隔太近，所以它能够发出了一种撕裂的声音，就
像电锯切割木头发出的声音或是大片亚麻布料撕
裂的声音。

子弹消耗是 MG 42 机枪组的一个突出问题。
一个两人编组的 MG 42 机枪组一般会获得大约
1800 发弹药，枪手需要在战斗中节约使用，以免
子弹消耗得太快。

在东线，子弹耗尽的问题尤其严重，因为德

军机枪手在对付苏联步兵的大规模进攻时，会很
快打完子弹。弹链上通常每四发子弹中插入一发
曳光弹，曳光弹可以提供射击方向的视线引导。
然而，由于曳光弹在飞行中损失了质量，速度下
降比实心弹丸快，因此曳光弹并不是绝对可靠的
精确射击引导。

MG 42 通用机枪的设计近乎完美。战后，
许多国家发现没有再比它更好的机枪了。德国
联邦国防军列装了 MG 1 系列机枪，在 MG
42 通用机枪基础上进行了一些细小改进，例如
更换枪机以适应更高的射速，更换口径以发射
7.62 毫米 x 51 毫米北约标准子弹。MG 3 机枪
至今仍在德国军队服役，在撰写本书时，它正被
微型 MG 4 机枪所取代。MG 3 机枪曾出口到 16
个国家。南斯拉夫也生产了 MG 42 通用机枪的
仿制版本，即 MG 53 机枪，配置几乎没有变化，
甚至口径也完全相同。从巴基斯坦到巴尔干半岛，
MG 42 通用机枪在战争与和平中永存。

莱茵金属公司制造的 MG 3机枪

莱茵金属公司制造的 MG 3 机枪已出口
到许多国家，包括阿根廷、澳大利亚、孟加拉
国、智利、丹麦、爱沙尼亚、希腊、伊朗、意
大利、墨西哥、缅甸、挪威、巴基斯坦、西班
牙、苏丹和土耳其。该枪在 MG 42 通用机
枪的基础上，采用 7.62 毫米 x 51 毫米北约
标准子弹。此外，还做了一些其他改进，可以
采用德国或美国的可散弹链供弹，也可以在侧
面安装一个容纳 100 条弹链的弹箱供弹；枪
管内衬镀铬，以承受极端的火力；通过枪机
和缓冲机构可以调整射速，最低射速为每分钟
700 发，最高射速达到每分钟 1300 发。

FG 42 伞兵步枪（1942）

第二次世界大战期间，德国人在许多技术领域都处于世界领先地位。FG 42 伞兵步枪就是一个很好的例子，它是一款非常了不起的武器，但它的作用发挥受到了战时政治因素的限制。

FG 42 伞兵步枪是专门为 1936 年成立的纳粹德国伞兵部队设计研发的。伞兵作战的本质要求士兵只能使用轻型武器作战，这些武器要么随身携带，要么进行空投。实战经验表明，标准的卡尔 98k 步枪和 MP 40 冲锋枪不能满足伞兵部队的单兵火力要求，所以 1941 年 11 月，纳粹德国空军发布了一项新式自动武器的研发需求。

突击步枪

许多公司参与了这款新式武器的竞标，但最终莱茵金属公司的设计师路易斯·施坦格胜出，他提供的是 Gerat 450 步枪，在 1942 年 9 月被采纳列装部队时，更名为 FG 42 伞兵步枪，纳粹德国空军要求在圣诞节前提供 2000 支 FG 42 伞兵步枪。

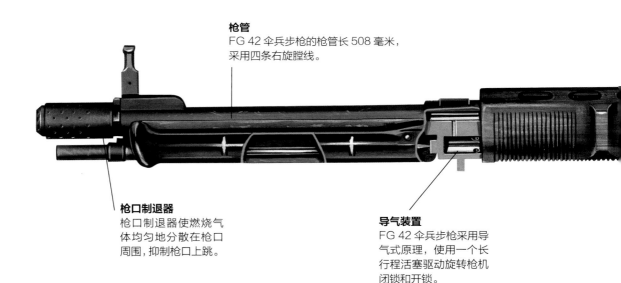

枪管
FG 42 伞兵步枪的枪管长 508 毫米，采用四条右旋膛线。

枪口制退器
枪口制退器使燃烧气体均匀地分散在枪口周围，抑制枪口上跳。

导气装置
FG 42 伞兵步枪采用导气式原理，使用一个长行程活塞驱动旋转枪机闭锁和开锁。

上图所示的 FG 42/I 伞兵步枪与后来 FG 42/ II 伞兵步枪的主要区别在于斜角式握把，两脚架位于下护木的前端，而不是在枪口处。

FG 42 伞兵步枪采用一个 20 发弹匣供弹，可以安装匕首式
刺刀。

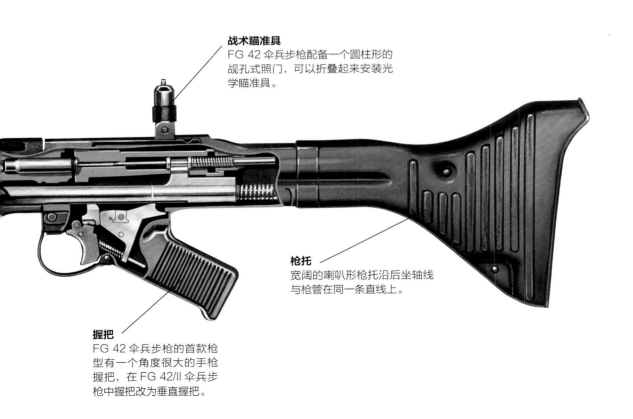

战术瞄准具
FG 42 伞兵步枪配备一个圆柱形的
觇孔式照门，可以折叠起来安装光
学瞄准具。

枪托
宽阔的喇叭形枪托沿后坐轴线
与枪管在同一条直线上。

握把
FG 42 伞兵步枪的首款枪
型有一个角度很大的手枪
握把，在 FG 42/II 伞兵步
枪中握把改为垂直握把。

FG 42 伞兵步枪明显不同于其他现役步枪。它采用"直线形"设计，通过一个宽的喇叭形枪托，把所有的后坐力直接传导至射手的肩膀上，使该枪非常便于控制。由于 FG 42 伞兵步枪发射 7.92 毫米大威力毛瑟步枪子弹，所以

1944 年，一名纳粹德国空降兵在卡西诺山防御作战时，将自己的 FG 42 伞兵步枪架在一个木柄手榴弹弹箱上。他身边有一把近距离射程的 MP 40 冲锋枪。

这种可控性是非常必要的，全自动射击时射速可以达到每分钟 900 发，使用 20 发侧装弹匣供弹。

FG 42 伞兵步枪的导气机构可以在两种模式下工作。半自动射击时枪机处于闭膛射击模式，以确保射击精度，全自动射击时枪机切换到开膛射击模式，有助于冷却枪机，避免发生走火。

最重要的是，FG 42 伞兵步枪在机匣前面安装了一个两脚架，使枪械看起来更像一挺轻机枪。它也可以配备一个 4 倍的 ZfG 光学瞄准具，这样 FG 伞兵步枪可以用一个开关轻松地从压制火力模式切换到狙击模式。

技术参数

尺　寸	长度：940 毫米	
	枪管长度：508 毫米	
重　量	4.5 千克	
口　径	7.92 毫米 ×57 毫米毛瑟子弹	
操作方式	导气式	
供　弹	20 发弹匣	
初　速	760 米 / 秒	
射　程	500 米	
射　速	750 发 / 分钟	

武器的改进

FG 42/I 伞兵步枪作为第一款枪型非常具有开创性，但它也有一些问题需要解决。对于轻型枪管来说，射速太快了，即使采取了反后坐措施，全自动射击模式下正面散布仍然很大，因此施坦格对武器进行了改进。射速被降到每分钟 750 发，并增加了气体调节器，以控制推进气体的流量。

两脚架被移动到枪的最前面，以保证自动射击时枪身更加稳定。握把的角度进行了调整，以便于抓握。枪口制退器也进行了改进。

改进型 FG 42/II 步枪于 1944 年 11 月投入生产，但问题也来了，原计划生产 12 万支，但几个月后战争结束了，实际只生产了 6173 支。一方面是因为所有武器制造商都在争夺原材料，导致资源紧缺。另一方面是因为，1941 年 5 月纳粹德军伞兵在克里特岛空降战役中损失惨重，纳粹德军将伞兵部队作为精锐步兵派往地面作战。这使得生产 FG 42 伞兵步枪的意义不复存在。

回顾起来，这也是可以理解的。FG 42 伞兵步枪的生产成本太高，纳粹德国也一直面临着更紧迫的需求。但 FG 42 步枪确实是一种神奇的武器，它的伟大之处在于它的灵活性。它的子弹威力决定其火力控制范围远远超过 100 米的射程，而且它具有强大的穿透力。

通过提供全自动火力，它也可以作为火力支援武器，或者作为城市作战的近战武器。它唯一的局限是 20 发弹匣。射击者必须确保有足够的弹药供应，因为全自动射击会在几秒钟内打空一个弹匣。

盟军中一些面对过 FG 42 伞兵步枪的幸存者。他们报告说德军有一种在射程和火力上都超出他们的武器，也让他们看到了未来武器的发展趋势。

实战中的FG 42伞兵步枪

FG 42 伞兵步枪主要用于纳粹德国伞兵部队在意大利和东线、西线战场的地面作战行动。图中所示是一名参加行动的伞兵，携带一支 FG 42/Ⅰ 伞兵步枪。由于 FG 42 伞兵步枪的产量特别少，后续行动中关于它们的使用就特别罕见和珍贵。1945 年，一名曾参加 1945 年莱茵河穿越行动的美国伞兵描述，他们被一些在 183 米以外的纳粹德国士兵攻击，美方有 8 人伤亡。起初，美国士兵以为是遭到了一挺 MG 34 通用机枪的攻击，但实际上，他们遇到的是 FG 42 伞兵步枪。只有美国的强大火力才能将守军从防御阵地上赶走。

M1 卡宾枪（1942）

　　M1 卡宾枪起初在美军的军械装备中是一种比较边缘的武器。不过，这种"中等威力"的武器逐渐受到美国陆军军械委员会的重视，成为第二次世界大战中美国产量最大的武器。

　　20 世纪 30 年代末，美军装备一些精良的轻武器，比如 M1 加兰德步枪、勃朗宁 M1919 和 M2 机枪、汤普森 M1 冲锋枪和柯尔特 M1911 手枪，这些武器为美军士兵提供了灵活、强大的火力范围，但这个枪械体系存在一个缺陷。1938 年，那些不方便携带全口径步枪的兵种，比如运输车驾驶员、坦克乘员、炊事兵、迫击炮兵、宪兵以及其他许多辅助人员，他们向美国陆军军械委员会提出了意见。起初，美军并没有重视他们的意见。1940 年，当相同的意见再次被提出时，美军认真地考虑了这一诉求，并邀请美国枪械制造商开启了一场新式枪械设计竞赛。

中等威力子弹

　　美国陆军军械委员会意识到，他们所需要的这种武器，是位于全威力步枪和冲锋枪（SMG）

照门
采用 2 型反转照门，一种可以根据风阻和高度进行调节的觇孔式瞄准具。

弹匣
M1 卡宾枪采用一个 15 发或 30 发可拆卸式弹匣。

M1 卡宾枪的产量数以百万计，在第二次世界大战期间成为美国的制式武器，朝鲜战争和越南战争中仍在使用。

M1 卡宾枪采用的轻量化、细长的结构布局，非常便于在战斗中操作使用。空枪仅重 2.48 千克。

枪机
枪机采用短行程活塞的导气式自动原理。

枪管
M1 卡宾枪的枪管长 457 毫米，有四条右旋膛线。

导气室
枪管下面的导气室里有一个短行程活塞，该活塞为导杆和枪机的往复运动提供动力。

之间，基本上是一种使用"中等威力"子弹的卡宾枪。温彻斯特兵工厂负责子弹的研制，生产了一种7克子弹，弹壳长度为32.8毫米，射击初速为每秒593米，而枪管长度为457毫米。

　　该子弹的有效射程约300米，全自动射击时后坐力可以完全控制，即使使用22千克重的轻武器发射也是如此。尽管温彻斯特公司最初关注

美军并不是唯一使用M1卡宾枪的部队，图中显示英国伞兵在行动中使用了M1A1折叠枪托式卡宾枪。

的是新式子弹的研发，而不是枪械，但最终这家具有传奇色彩的公司赢得了枪械本身设计的竞争。大部分工作由两名温彻斯特工程师完成，采用了轻武器界传奇人物大卫·卡宾·威廉姆斯设计的短行程导气系统。他们的研发成果便是M1卡宾枪。

加兰德的影响

　　M1卡宾枪是一种外观细长并带有加兰德痕迹的枪支，其实枪内的活塞导杆和旋转枪机都是加兰德的设计。这些部件与威廉姆斯短行程导气活塞相关，导气活塞的后坐行程很短，大约8毫米，但足以提供推动导杆和枪机完成后坐循环所需的能量。采用一个15发或30发弹匣供弹，与最初的概念不同，该枪是一个纯粹的半自动步枪，全长905毫米，明显比加兰德步枪短。

技术参数

尺　　寸	长度：905毫米 枪管长度：457毫米
重　　量	2.48千克
口　　径	0.30英寸M1卡宾枪子弹
操作方式	导气式
供　　弹	15发或30发弹匣
初　　速	593米/秒
射　　程	300米
射　　速	900发/分钟（M2卡宾枪）

1942 年，M1 卡宾枪首次装备美军，并很快在辅助部队和许多前线步兵中推广开来。这种武器携带方便，具有比冲锋枪更大的穿透力和更远的射程，重量为 2.48 千克，是快速射击的理想选择。

它不具备 M1 加兰德步枪远程击穿重型防护的能力（这也意味着并不是每个人都喜欢卡宾枪），但作为一款实用的战斗武器，它因为方便可靠而受到更多人的欢迎。

M2卡宾枪

令人难以置信的是，M1 卡宾枪如此受欢迎，以至于在战争年代生产了 550 万支。在欧洲和太平洋战场上，M1 卡宾枪因其快速射击和方便携带的特点而广受欢迎。但是，它不具备选择性射击的功能。当面对德军 MP 44 突击步枪强大的火力，美国人决定将 M1 卡宾枪改装为全自动武器。因此，为满足全自动射击需要改造了枪支的内部结构，这样 M2 卡宾枪就于 1944 年诞生了。M2 卡宾枪的生产数量大约是 57 万支，并不像 M1 那么多，但它的出现仍然非常具有说服力。它增加了弹药容量，采用 30 发弹匣供弹。朝鲜战争期间，甚至出现了一个装有红外线夜视仪的 M3 卡宾枪版本，但只生产了 2100 支，因为瞄准系统的产量无法满足战争的需要。此外，M1A1 及其后续型号的卡宾枪大约生产了 15 万支，这是空降兵版本的 M1 卡宾枪，采用折叠式枪托。

第二次世界大战以来，M1 系列卡宾枪一直在民间和执法部门大量使用。20 世纪 70 年代，随着 5.56 毫米口径枪械的普及，它们的使用率才有所下降。

太平洋战场环境

太平洋战区给美国士兵在 M1、M2 卡宾枪等武器维护保养方面带来了严峻的挑战。最大的问题是如何防止生锈。太平洋的高盐、高湿度、季节性降雨等环境从不同角度腐蚀着金属制品。因此，武器维护保养变成了经常性的工作，所有的金属零件表面都需要定期用钢丝刷进行除锈并上油。在干燥的内陆或沙漠环境下，过度上油会导致砂粒吸附于金属表面形成研磨膏。为了防止枪管生锈，士兵们经常在枪口套上避孕套。对弹药也要特别注意，如果子弹受潮，它们会生锈发霉，可能会导致卡壳。因此，机枪手经常从皮带上取出子弹，单独给它们涂油。忽视了这些日常武器维护保养的士兵，在战斗的关键时刻会面临枪械出现故障的危险。

M3A1 "黄油枪"（1942）

英国有司登冲锋枪，德国有 MP 40 冲锋枪，苏联有波波沙冲锋枪。但是在 20 世纪 40 年代初，美国还没有研制出适合战时大规模生产的冲锋枪。

1941 年，美国拥有世界上最强大的工业生产能力，但它的军事工业还没有完全发挥其最大产能。美国军方意识到，为了满足美国武装力量的潜在增长，需要新一代质优价廉的武器。美国陆军军械委员会的委员们关注到像司登冲锋枪和 MP 40 冲锋枪这样的欧洲武器。虽然没有汤普森 M1928 冲锋枪那种可靠的质量，它们却因为设计出色可以在战争中大量生产。美国陆军军械委员会委托阿伯丁试验场的一个团队开发一种新式冲锋枪。该团队成员包括通用汽车公司内陆分部的乔治·海德和弗雷德里克·桑普森，他们将枪械知识和工业技术相结合，确保武器遵循大规模批量生产的基本原则。

右图：M3 冲锋枪是一把没有任何多余配件的枪支。1943 年，生产一支 M3 冲锋枪的成本只有 20 美元，而生产一支汤普森冲锋枪的成本则超过 200 美元。

枪托
伸缩式枪托可以作为清洁杆和拆卸工具，用来拆卸枪管。

扳机
M3A1 冲锋枪没有射击模式选择装置，所以单发射击只能通过轻扣扳机来实现。

左图：第二次世界大战期间，生产了消声器版的 M3A1 冲锋枪供战略情报局使用。

抛壳口盖
铰链式的抛壳口盖可以起到保险作用。当它
关闭时，盖子上的突榫卡入枪机上的卡槽，
将枪机闭锁到位。

枪管
M3 冲锋枪枪管长 203 毫米，
有四条右旋膛线。

自由后坐式枪机
当子弹被击发时，弹壳所受
的后坐力推动未锁定的枪
机后退。

弹匣
M3 冲锋枪的弹匣采用糟
糕的单排设计，这是产生
供弹问题的主要原因。

M3A1 冲锋枪的这个剖面给人印象最深的是一个大尺寸的枪机。使用 0.45 英寸口径柯尔特自动手枪子弹需要这样的重量。

后坐基本原理

M3A1 冲锋枪于 1942 年开始研制，10 月完成试验准备；1943 年初开始批量生产，12 月批准服役。这时它被正式称为美国冲锋枪，0.45 英寸口径，M3 型号。

和它所模仿的欧洲冲锋枪一样，M3 冲锋枪是一款粗糙的武器，尤其是与它即将取代的汤普森冲锋枪相比。它看起来更像是一个"黄油枪"。机匣和大多数其他部件基本采用金属冲压工艺制作，该枪装有一个可伸缩的金属杆枪托。它采用简单的枪机后坐原理来应对大威力的 0.45 英寸柯尔特自动手枪子弹，采用 30 发弹匣供弹。瞄准具包括一个觇孔式照门和一个尖状准星，照门的标定射程为 91 米，这是 0.45 英寸口径枪械的最高射程。

持续的火力

M3 的射速相对平稳，每分钟 450 发，与维克斯或 M2 重型机枪的射速大致相同。尽管与许多冲锋枪相比，这样的射速较低（波波沙 41 冲锋枪的射速是每分钟 900 发，是 M3 冲锋枪的 2 倍），但它确实对前线士兵有好处。

枪手通过轻扣扳机，可实现半自动射击，因此该枪没有射击模式选择开关（这是另一个经济上的妥协）。尽管有效射程仅有 91 米，当士兵使用该枪射击时，强大的 0.45 英寸口径子弹可以干净利落地摧毁轻型掩体，消灭敌方士兵。超出这

技术参数（M3）	
尺　　寸：	长度：枪托打开 762 毫米 枪托收起 577 毫米 枪管长度：203 毫米
重　　量：	3.7 千克
口　　径：	0.45 英寸柯尔特自动手枪子弹
操作方式：	自由枪机
供　　弹：	30 发弹匣
初　　速：	275 米 / 秒
射　　程：	91 米
射　　速：	450 发 / 分钟

个射程范围的目标，士兵可以求助他身边装备加兰德步枪的战友。

值得注意的一点是，M3 冲锋枪可以通过快速更换枪机和枪管，发射 9 毫米帕拉贝鲁姆手枪子弹，在司登冲锋枪的弹匣上安装一个适配器就可以在该枪上直接使用。这是一个潜在有用的改进，最初打算制造 25000 个转换套件，但后来被大幅减少了，1944 年仅制造了大约 500 个套件。大多数 9 毫米口径的 M3 冲锋枪用于欧洲战场，主要供战略情报局人员使用。M3 冲锋枪最大的问题是可靠性较差。单排供弹式弹匣经常发生供弹故障，而质量低劣的制造材料则会导致枪托弯曲、枪机拉柄断裂等问题。

但它的成本的确很低，在 1943 年大约 20 美元就可生产一支 M3 冲锋枪，所以它很快投入生产并服役。

M3A1冲锋枪升级

M3 冲锋枪和司登冲锋枪采用相同的方式推广使用，虽然很少有士兵喜欢它，但是那些配发了该武器的人认为它还是不错的。因为美军士兵比英军士兵有更好的选择，所以 M3 冲锋枪经常被美军士兵所放弃，转而选用汤普森冲锋枪，M1 卡宾枪或 M1 加兰德步枪。1944 年 12 月，M3A1 冲锋枪作为 M1 冲锋枪的一个改进版本正式发布。M3A1 冲锋枪在 M1 冲锋枪基础上进行简单的升级，通过一根插入枪机孔的导杆拉动枪机实现旋转闭塞。同时，该枪采用了消焰器，并在枪械分解方面有了一些改进，但是弹匣问题始终没有得到解决。M3 冲锋枪和 M3A1 冲锋枪总共生产约 70 万支，一直在美军中服役到 20 世纪 60 年代，还出口到阿根廷、希腊、摩洛哥和菲律宾等国，还有许多国家被特许生产或仿制该枪支。

黄油枪在越南

越战期间（1963—1975 年），M3A1 黄油枪是一款非常受欢迎的武器，尽管与当时服役的 5.56 毫米口径 M16A1 突击步枪等武器相比，它的服役时间短、制造工艺粗糙。因为该冲锋枪为美军提供了一个非常便携的近距离火力来源，因此受到坦克、炮艇和直升机机组人员以及一些特种部队的欢迎，例如侦察部队、海豹突击队、机动突击部队和民兵防御部队。尤其是在 M16A1 突击步枪销往越南之前，它大量装备南越陆军。

同时，北越部队使用缴获的 M3 冲锋枪装备他们的小分队。

第二章　冷战以后的轻武器

　　第二次世界大战结束时，从手枪到冲锋枪，各种型号的轻武器已经基本确立。战后，轻武器经历了两次重要革命。首先是突击步枪的兴起和标准化，以苏联 AK-47 突击步枪和美国 M16 突击步枪为代表。其次是枪支材料和设计上的改变，"模块化"武器通过快速调整配置来变换不同的角色，发挥不同的作用。战场上的士兵从未使用过如此精良的武器。

左图：战争中，英军士兵手持的 7.62 毫米 L7A2 通用机枪，是广受欢迎的 FN MAG 通用机枪的英国变型版。

AK-47 自动步枪 / AKM 突击步枪（1949）

AK 突击步枪彻底改变了世界安全格局。AK 枪族总产量超过 1 亿支，是历史上产量最大的轻武器。

AK-47 自动步枪是苏联轻武器发展史上的一个重大飞跃。第二次世界大战期间，苏联主要的轻武器是莫辛 - 纳甘冲锋枪、波波沙 41 冲锋枪和波波沙 43 冲锋枪。早在 20 世纪 30 年代后期，苏联开始研发"中等威力"子弹。

这种子弹的威力介于步枪弹和手枪弹之间。有效射程为 400 米，全自动射击模式可以有效控制它的后坐力。设计这样的子弹和配套枪支，将会抛弃传统的步枪和冲锋枪，为士兵提供一款新式的单一武器。

下图：AKM 突击步枪与早期的 AK-47 自动步枪有一些区别，包括聚合物握把、带棱角的助推器和更小的准星。

枪机机构
采用旋转式枪机，枪机通过两个非常牢固的锁定凸榫锁定到枪机支架上。

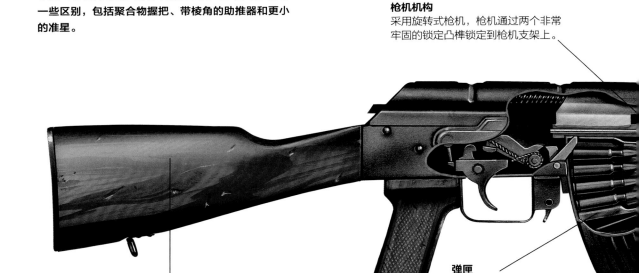

枪托
除了木制枪托外，AK-47 自动步枪通常也安装可折叠的金属镂空枪托。

弹匣
AK-47 自动步枪采用独特的弧形弹匣，可容纳 30 发 7.62 毫米 x 39 毫米子弹。

战争期间德国人使用 StG 44 突击步枪证明了这个观点，该步枪可发射 7.92 毫米 x 33 毫米库尔兹短子弹。1943 年，苏联相应生产了 7.62 毫米 x 39 毫米子弹，并在 SKS 半自动卡宾枪上使用。

1944 年，俄罗斯工程师米哈伊尔·卡拉什尼科夫设计团队与其他几家武器生产商展开竞争，研发出一种新型步枪，支持射击模式选择，发射"中间威力"子弹。这是一个漫长的研发过程，应该说，卡拉什尼科夫并不是这个设计唯一的关键人物。

另一个主要人物是亚历山大·扎伊采夫，他说服卡拉什尼科夫，对设计方案进行了重大调整以提高枪支的可靠性。战争结束后，"AK-47"自动步枪于 1948 年进入军队试用，次年被苏联作为制式军用步枪列装。

1959 年，AK-47 自动步枪的生产工艺进行了现代化改造，机匣采用冲压工艺代替了原来的机加工艺。众所周知，AKM 突击步枪的改进还包括勺状的枪口制退器、磷化处理的枪机和可用作剪线器的多功能刺刀。

导气活塞
AK-47 自动步枪的导气活塞位于枪管上方，并与枪机支架相连。

枪膛
AK-47 自动步枪采用镀铬枪膛，具有极高的耐磨性和耐腐蚀性。

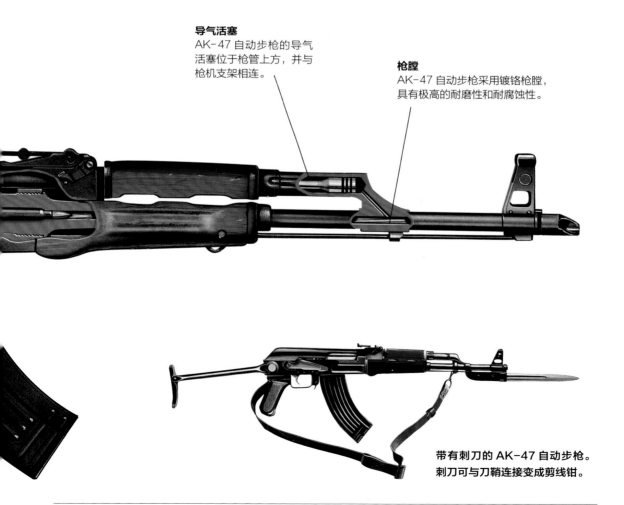

带有刺刀的 AK-47 自动步枪。刺刀可与刀鞘连接变成剪线钳。

AKM 突击步枪成为 AK 枪族中最典型、使用最广的枪型。

AK神话

AK 自动步枪有很多神话，主要得益于好莱坞影视作品的宣传。认真研究发现，AK-47 自动步枪的威力并不比其他步枪大，也不是特别精准。但是它具有极强的可靠性、易用性和可维护性，在全世界广泛使用。

AK 自动步枪的基本枪型是一款导气式步枪，采用可拆卸的 30 发弹匣供弹，辨识度很高。机匣右侧的快慢机是射击模式选择开关，快慢机最高位置是保险模式。导气室位于枪管上方，安装一个长行程导气活塞，通过枪机支架控制枪机。枪机本身是旋转式的，有两个大的锁定凸榫，击发前该凸榫锁定在枪机支架的凹槽中。旋转是通过枪机支架中的凸轮轨道完成的。

AK 自动步枪的适应性能非常好。长行程活塞和旋转枪机可应对各种复杂的作战条件。有个士兵曾将 AK 自动步枪埋在河床淤泥中，6 个月后又重新挖出，并在不保养枪械的情况下可以直接射击。AK 自动步枪采用镀铬枪管，特别耐用。无论是实心木制枪托，还是金属折叠枪托，枪身都非常耐用，只要保持清洁，AK 自动步枪可以终身使用。

AK 自动步枪也非常便于操作。开枪射击，只需安装弹匣，将快慢机拨到半自动或全自动位置，拉动并释放枪机拉柄，然后扣动扳机射击。

遍布全球

AK 自动步枪设计得非常成功，它有数十种衍生枪型，也有很多仿制版本，包括冲锋枪、狙击步枪和自动霰弹枪。

技术参数

尺　　寸	长度：880 毫米 枪管长度：415 毫米
重　　量	4.3 千克
口　　径	7.62 毫米 ×39 毫米
操作方式	导气式
供　　弹	30 发弹匣
初　　速	600 米 / 秒
射　　程	300 米
射　　速	600 发 / 分钟

第 1 陆战师第 3 两栖突击营 E 连 1 排的美国海军陆战队队员正在使用蒙古武装部队提供的 AKM 突击步枪射击。

分解AK自动步枪

分解 AK 自动步枪进行保养就像射击一样简单。首先向前按压弹匣释放钩卸下弹匣，然后按下机匣盖后部的闩锁（复进弹簧的尾部），卸下机匣盖，露出复进弹簧和枪机机构。向前推动复进弹簧，使其脱离机匣，然后提起并从枪中取出。向后拉出枪机拉柄，上提卸下枪机支架和枪机，就可以保养枪机机构、复进弹簧和枪膛，还可以在裸露的扳机机构上涂抹枪油。经过几次反复练习，即可在几秒钟内完成 AK 自动步枪的分解。

AKS 短突击步枪曾装备苏联特种部队，至今仍然受欢迎。

20 世纪 70 年代，AK 枪族发生了重大转变，苏联仿照美国 M16 自动步枪的子弹，射击研发新式 5.45 毫米 x 39 毫米 M74 子弹，并对 AK 自动步枪进行了改造。AK-47 自动步枪推动了苏联和俄罗斯社会的发展与进步，至今还没有找到更加可靠的替代枪型。

活跃的AK自动步枪

AK 自动步枪的分布范围不可低估，特别是战后宽松的销售政策。全世界有 30 多个国家已正式将 AK 自动步枪作为制式武器列装军队。再加上非法使用，可以说没有哪个国家没有接触过 AK 自动步枪，据估计每年有超过 25 万人死于 AK 自动步枪的枪口下。

斯特林 L2A1 冲锋枪（1953）

斯特林冲锋枪在英国陆军服役超过 40 年。它被许多国家采用，是第二次世界大战后最著名的冲锋枪之一。

斯特林冲锋枪是战后制造的轻武器，但其设计基础在第二次世界大战期间就已奠定。众所周知，司登冲锋枪是第二次世界大战期间英国冲锋枪的标志性产品，制造并销售了数百万支。但是司登冲锋枪的质量一般，早在 1942 年，英国枪械制造商就开始尝试设计替代武器。

达根汉姆的斯特林军备公司首席设计师乔治·威廉·帕切特提出了一个解决方案，对 1940 年研发的耐用却昂贵的兰彻斯特冲锋枪进行改造。

帕切特致力于简化武器制造工艺，同时增加了新功能，取消了昂贵的木制枪托，采用了管状全金属可折叠枪托，重新设计了扳机机构和瞄准具，保留了侧装弹匣。

1942 年 9 月，帕切特展示了他设计的"帕切特卡宾枪"，引起了英国陆军的关注。研制工作仍在继续，经过 1943 年到 1944 年的进一步试验，认定达到服役要求。1944 年第 6 空降师配备了 100 支帕切特卡宾枪，并在诺曼底登陆战役和阿纳姆战役中经过了检验。但是战争结束后，

复进弹簧
斯特林冲锋枪有一个强力的复进弹簧；在野外分解枪械时需要格外小心，以免弹簧崩到脸上。

准星
斯特林冲锋枪的准星可根据风力调节。

不建议在枪托折叠状态进行射击，但枪托折叠可以减小斯特林的整体尺寸。

帕切特冲锋枪就停止使用了。

战后的斯特林

　　战后，随着英国军费的压缩以及人们对突击步枪研发的重视，帕切特冲锋枪的产量大幅减少。20 世纪 40 年代末至 50 年代初，英军迫切需要更先进的冲锋枪来弥补司登冲锋枪的不足。1953年，帕切特冲锋枪经过一系列改进，定型为斯特林 L2A1 冲锋枪，并批量生产。1955 年、1956年分别出现了两个改进型号 L2A2 和 L2A3 冲锋枪，主要对生产过程进行了优化。

上图：斯特林冲锋枪采用开膛待机。扣动扳机后，将枪栓从其后部位置释放，向前运动提取一发子弹上膛，然后击发。

枪管
斯特林冲锋枪枪管长 198 毫米，采用六条右旋膛线。

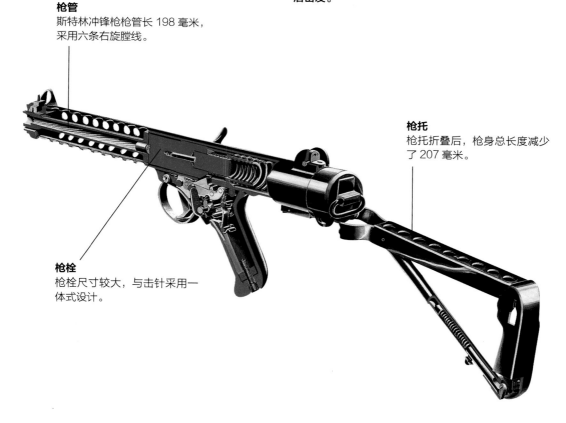

枪托
枪托折叠后，枪身总长度减少了 207 毫米。

枪栓
枪栓尺寸较大，与击针采用一体式设计。

上图：L34A1 冲锋枪是微声枪型。枪托打开时，枪身总长度为 864 毫米。

左图：斯特林 Mk 7 准手枪有开放式枪栓和封闭式枪栓两种型号，后者射击精准度更高。

人们很快意识到斯特林冲锋枪是一款极好的轻武器。与司登冲锋枪相比，斯特林冲锋枪的造价更高。由于采用了高质量的机加工艺，使斯特林冲锋枪更加可靠耐用。它是一种反后坐武器，采用提前击发原理，在子弹未完全进入枪膛时即击发。提前击发可以减轻枪栓重量，减小后坐力，所以斯特林冲锋枪射击时非常平稳。斯特林冲锋

枪的枪机上开了一些沟槽，可以有效避免由于灰尘和碎屑堆积而导致的卡壳故障。斯特林冲锋枪射速稳定可控，每分钟发射 550 发子弹。标配使用 9 毫米帕拉贝鲁姆子弹，有效射程约为 200 米。

枪管安装通风护套，采用侧面安装的 34 发可拆卸弯曲弹匣供弹。弹匣独特的安装位置使斯特林冲锋枪特别容易与其他冲锋枪区分，同时重心在握把附近便于稳定举枪。此外，斯特林冲锋枪将弹匣放置在枪身侧面，便于士兵在卧姿状态轻松更换弹匣。但是，与司登冲锋枪一样，射击时不能将弹匣作为侧面握把，否则容易引发供弹系统故障。正确的抓握位置是在枪管护套上。斯特林冲锋枪标配折叠金属枪托，可以紧抵肩窝，便于射手保持枪身稳定。在瞄准具方面，斯特林冲锋枪采用可调准星和标定 100 米或 200 米射程的可调翻转式照门。

全球知名

斯特林冲锋枪在枪身设计、制造质量和战术性能等方面非常出色，直到 20 世纪 90 年代，一直是英国军火库中备受推崇的武器。斯特林冲锋

技术参数

尺　寸	长度：枪托打开 690 毫米 枪托折叠 483 毫米 枪管长度：198 毫米
重　量	2.72 千克
口　径	9 毫米 帕拉贝鲁姆子弹
操作方式	枪栓回弹式
供　弹	34 发弹匣
初　速	390 米 / 秒
射　程	200 米
射　速	550 发 / 分钟

20世纪80年代初期，英国陆军士兵正在组织训练。前排的军官手持斯特林冲锋枪，身后的士兵手持L1A1 SLR突击步枪和L7A2通用机枪。

消声器

　　枪支产生的噪声主要有两个来源。首先是发射气体枪口爆炸性膨胀产生的物理噪声。第二是子弹突破声障产生的噪声。消声器的工作方式多种多样，但大多数情况下，它们通过使发射气体膨胀到内部装有挡板或其他装置的封闭空间中，以扩散、冷却和减慢气体膨胀，从而降低听觉特征，起到消声作用。当使用亚声速子弹时，消声效果更加明显，但是这种子弹的射程非常有限，通常在100米左右。消声器很少能使枪械完全无声，不论以任何速度射击，枪械都容易过热。但是，微声的短射程单发武器仍被特种部队广泛使用。

　　枪也曾有很多改进枪型，其中有两个型号尤为突出。L34A1冲锋枪是斯特林冲锋枪的微声枪型，特点是枪管前端加装一体式消声器，外围均匀布置72个泄压孔，燃烧气体经过泄压孔进入开有不同口径小孔的隔离套，两次泄压起到非常好的消声作用。L34A1冲锋枪主要装备特种部队。

　　Mk 7冲锋枪是斯特林冲锋枪的紧凑枪型（准手枪），枪管缩短，没有枪托，安装前握把，采用10发或15发短弹匣。这是针对执行秘密行动需要隐蔽火力而专门设计的。还有一款发射7.62毫米北约标准子弹的斯特林冲锋枪的实验改进型，使用布伦枪的弹匣供弹，采用延迟杠杆反后坐机制来适应大威力子弹。

　　斯特林冲锋枪大量出口销售，不仅销往大多数英联邦国家，还在澳大利亚、加拿大、印度，以及非洲、中东和东南亚国家广泛使用。尽管英军在1994年用SA80突击步枪取代了斯特林冲锋枪，但仍有大量斯特林冲锋枪在全球服役。

RPD 轻机枪（1953）

由于供弹系统和火力系统方面还存在一些问题，RPD 轻机枪并不是性能最好的轻机枪。尽管已有 60 多年的历史，至今它仍在世界各地服役。

苏联轻机枪的发展历史有些曲折。战争期间，苏联主要使用 12.7 毫米口径德什卡重机枪和 7.62 毫米口径古尔约诺夫 SG43 重机枪。捷格加廖夫 DP/DPM 轻机枪是苏联最好的轻机枪之一，采用大型平底圆形弹盘和大型消焰器，非常容易辨识。

这反过来激发了 RP46 轻机枪的设计灵感，RP46 轻机枪为了提供持续火力，采用了重型枪管和更耐用的供弹机构。但是，RP46 轻机枪总重 13 千克，采用 7.62 毫米 ×54 毫米苏联标准凸缘子弹，非常不便于操作。

两脚架
7.62 毫米 x 39 毫米子弹的后坐力很低，因此使用两脚架控制火力没有问题。

由于使用凸缘子弹，枪机必须首先向后运动，从弹链中取出子弹，然后再向前运动将子弹推入枪膛。无论是在苏联，还是东亚国家，这支枪使用率都不高。

战后不久，随着新式武器的发展，苏联红军开始寻求一种新型的轻机枪来加强战斗班组的火力。DPM 机枪的设计制造者瓦西里·德格蒂亚利诺夫着手研发一种能够发射 7.62 毫米 x 39 毫米中等威力子弹的枪械，该子弹也适用于 AK-47 自动步枪。这是明智之举，因为它将制造出一系列子弹通用的枪支。

1953 年，德格蒂亚利诺夫轻机枪问世，它的许多功能都非常具有前瞻性。

RPD 轻机枪不是一挺精密的机枪，只要按时认真保养（战场条件下可能性不大），就可以确保正常运转。

子弹
7.62 毫米 x 39 毫米子弹难以提供枪械工作循环所必需的全部动力。

枪机
RPD 轻机枪将闭锁片推入机匣的闭锁卡槽，实现枪机闭锁。

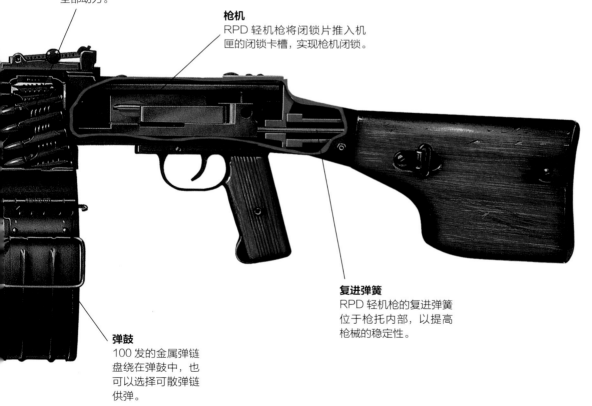

复进弹簧
RPD 轻机枪的复进弹簧位于枪托内部，以提高枪械的稳定性。

弹鼓
100 发的金属弹链盘绕在弹鼓中，也可以选择可散弹链供弹。

RPD轻机枪的布局

RPD 轻机枪是一款可靠的长行程活塞导气式机枪，射手通过枪管下方的三位气体调节器控制气体流量，通过枪机支架两侧的闭锁斜面将闭锁片推进闭锁卡槽，来实现枪机闭锁。枪栓的复进

上图：美国海军陆战队队员在 2014 年的培训期间用 Degtyarov RPD 瞄准。注意建议的握法，左手放在枪托上。

弹簧位于枪托中，从而缩短了枪身的总长度。

RPD 轻机枪采用弹链供弹，100 发子弹的金属弹链整齐盘绕在机匣下方的弹鼓内。弹鼓比弹链更便于携带，所以弹鼓是一个非常有用的战术补充。

RPD 轻机枪不仅使用弹鼓供弹，必要时也可以采用弹链供弹。RPD 轻机枪循环射速为每分钟 700 发。标配机械式瞄准具，准星可根据风力和仰角调节，照门安装在带有高度调节旋钮的底座上，调节间隔为 100 米，标尺刻度为 100 米到 1000 米。

照门标定的最大射程已经超出了机枪的有效射程，M1943 子弹对分布目标的有效射程可达 600 米，但射击精准度会降低。

技术参数

尺　　寸	长度：1041 毫米 枪管长度：520 毫米
重　　量	7 千克
口　　径	7.62 毫米 × 39 毫米
操作方式	导气式
供　　弹	100 发金属弹链
初　　速	735 米 / 秒
射　　程	600 米
射　　速	700 发 / 分钟

持续火力问题

RPD 轻机枪枪型的一些问题在改进枪型中已经逐步解决。例如，第一种枪型有一个摆动式枪机拉柄，射手普遍反映这会影响射击精准度。最终采用了非摆动式枪机拉柄，然而 RPD 轻机枪子弹的选用问题从未真正解决。

7.62 毫米 x 39 毫米子弹是弹匣供弹突击步枪的绝佳选择，但对于弹链式供弹的机枪来说并不理想。有限的弹药装定导致枪支可能难以完成所有工作过程，包括推动导气活塞和枪栓，压缩复进弹簧，完成子弹提取、弹壳抛出、驱动弹链等。

极端情况下，如果 RPD 轻机枪进入灰尘或碎屑，特别容易出现卡壳故障。

RPD 轻机枪根据轻机枪的设计原则，使用固定枪管，而不是可拆卸枪管。轻机枪以每分钟 700 发的射速长时间射击会导致枪管过热。因此，官方建议枪手在射击时，每分钟最多只能发射 700 发子弹，但这在激烈的战斗很难实现。

尽管有很多缺点，RPD 轻机枪仍然非常畅销。该轻机枪大量生产并销往世界各地，特别是中东、非洲和东南亚国家。

20 世纪 60 年代初期，苏联使用 RPK 轻机枪代替 RPD 轻机枪。RPK 轻机枪是在 AK 自动步枪的基础上，采用重型固定枪管、两脚架、40 发或 75 发大弹匣，也可使用 AK 自动步枪标准弹匣。RPK 轻机枪的火力并不比 RPD 轻机枪大，但是它具有 AK 枪族传奇般的可靠性。

火力控制

训练有素的机枪手可以采取多种方法射击目标。常见的方法是精确射击。机枪手短点射后观察弹着点，然后基于弹着点分布，修正瞄准点并重复射击，直到射中目标，打出致命一击。相反，散布射击是指机枪手先发射一串子弹，观察目标周围的指示弹着点，然后稳定住枪口打出长点射，直至射中目标。对于固定目标射击，通常使用散布射击，对于移动目标射击，通常使用精确射击。一旦对准目标，机枪手就可以采取多种方式调整火力，例如来回扫射或横向扫射，尽可能地歼灭敌人。

FAL 自动步枪 / L1A1 自动步枪（1954）

FAL 自动步枪是轻武器发展史上最成功的枪支之一。全球有 70 多个国家使用过 FAL 自动步枪，用户非常欣赏该枪的可靠性和射击精准度。

比利时 FN 公司一向以创新著称，20 世纪 30 年代，该公司开始研发半自动步枪。但是，1940 年的比利时战役影响了该研发计划的进程。尽管如此，一个流亡英国的设计团队最终完成了 M49 半自动步枪的研发，并成功销往海外市场。第二次世界大战后，FN 公司启动新式现代化枪械的研发计划，最终于 1950 年设计研发了 FAL 轻型自动步枪。

现代化的枪身结构

对于使用栓动步枪的国家来说，FAL 自动步枪是一个根本性的跨越。这支步枪采用新型

这款 L1A1 自动步枪配备 SUIT 光学瞄准具。该瞄准具于 20 世纪 70 年代问世，与机械瞄准具相比，它能更好地捕捉目标。

复进弹簧
复进弹簧为枪机机构复进运动提供动力，并将活塞推回原始位置。

消焰器
L1A1 自动步枪安装有封闭式消焰器，消焰器表面做了开槽处理。

护木
L1A1 自动步枪的护木采用高强度冲压塑料制成，枪托和握把也采用相同材质。

7.62 毫米 x 51 毫米北约标准子弹。

　　该步枪采用导气式结构，使用与 M49 相同的枪机偏移闭锁机构。当子弹上膛后，枪机背面的卡榫卡进闭锁支撑面的凹槽里，将枪机锁定在枪机框里，实现闭锁。

　　后坐阶段，枪机框后退将枪机从凹槽中提起，压缩复进弹簧释放后坐力。

上图：FAL 自动步枪的阿根廷版本，采用折叠式枪托，代替了传统的固定式木制或塑料枪托。

枪机
FAL 自动步枪采用枪机偏移闭锁方式，射击时，枪机的后部锁进枪机框的凹槽中。

复进弹簧
采用固定枪托的 FAL 自动步枪，复进弹簧安装在枪托里，而采用折叠枪托的 FAL 自动步枪，复进弹簧安装在机匣盖中。

弹匣
L1A1 自动步枪采用 20 发弹匣供弹。

FN 自动步枪的伞兵枪型采用折叠金属枪托和短枪管。伞兵枪型曾出口到很多国家。

枪械非常可靠耐用，采用 20 发弹匣供弹。最初 FAL 步枪不是自动武器，后来许多用户要求增加全自动射击模式。由于强大的后坐力导致控枪难度较大，FAL 自动步枪通常很少使用 7.62 毫米北约标准子弹进行全自动射击。

后续的发展

早期，FAL 自动步枪不得不与一些陈旧的理念做斗争。已经习惯了木制和钢制栓动式步枪的士兵，面对大量使用塑料部件并采用现代化结构的 FAL 自动步枪，需要努力适应。军方列装说明该枪的设计研发是成功的。仅凭机械瞄准具，该枪就可以准确射击几百米外的目标，安装更高精度的瞄准具，它的射程可达 600 米。该枪非常耐用，可以经受各种战场条件的考验，子弹的威力保证其在有效射程内具有强大的穿透力。

英国军方是 FAL 自动步枪最大的客户之一。当时，英国正在寻找一款新式步枪来代替李-恩菲尔德步枪，当 7 毫米口径的 EM-2 步枪研发项目失败后，他们选择了 FAL 自动步枪。1954 年，FAL 自动步枪成为英军制式步枪，更名为 L1A1 自装步枪，并获得许可在英国生产。为了适应英制产品的尺寸，L1A1 自动步枪在 FAL 自动步枪的基础上稍加改进。因此，有些 L1A1 自动步枪零件不能与 FAL 自动步枪通用。英国人还在枪机外表刻上凹槽，以便清除灰尘和碎屑。

英国人喜欢上了 L1A1 自动步枪。无论是在北极演习，还是穿越热带雨林，L1A1 自动步枪的可靠性赢得了士兵的信任。该枪一直在英国服役，直到 20 世纪 80 年代被极具争议的 5.56 毫米口径 SA80 突击步枪所替代。

全球知名

英国只是 FAL 自动步枪海外市场的一小部分。从阿根廷到津巴布韦，FAL 自动步枪的用户遍布各大洲，它仍是现役装备中产量最多的轻武器之一。该枪还在许多国家许可生产。在巴西许可生产的 FAL 自动步枪命名为 IMBEL 轻型自动步枪，迄今为止一共生产了 200 万

技术参数（FN-FAL）	
尺 寸：	长度：1053 毫米 枪管长度：553 毫米
重 量：	4.31 千克
口 径：	7.62 毫米 ×51 毫米 北约标准子弹
操作方式：	导气式
供 弹：	20 发弹匣
初 速：	85 米 / 秒
射 程：	600 米
射 速：	一

北极训练中的英军士兵手持特别伪装的 L1A1 自动步枪瞄准目标。许多英国士兵特别怀念该自动步枪的远程威力。

EM-2突击步枪

EM-2 突击步枪是英国一个失败的枪支研发项目，原计划是在第二次世界大战后研发一种可以发射中等威力子弹的轻武器。EM-2 突击步枪由位于恩菲尔德的皇家轻武器工厂设计研发，采用无枪托设计，弹匣位于扳机的后面，是一款非常紧凑的枪械。该枪采用导气式枪机机构，用特别缩短的枪管发射 7 毫米口径子弹，由 20 发弹匣供弹。EM-2 突击步枪的问题是结构过于超前。尽管步枪的射击精准度和操控性能都非常出色，但军方还是持反对意见，特别是美国坚持使用 7.62 毫米 x 51 毫米北约标准子弹。由于 EM-2 突击步枪改造口径难度太大而最终被放弃，英军选用了 L1A1 自动步枪。

支。FAL 枪族的广泛使用经常导致交战双方使用同样的 FAL 自动步枪战斗。1982 年，发生在英国和阿根廷之间的战争曾出现过这种情况，阿根廷使用的是可调射击模式的 FAL 自动步枪。

武器改型

先进的 FAL 自动步枪进行了多样化的改型，这里无法一一列举。FAL 自动步枪有几种折叠枪托型号，有的使用标准长度枪管，有的使用短版枪管以供空降兵使用。FAL 自动步枪还生产了安装重型枪管和两脚架的枪型，以提供持续支援火力。

后来还生产了 5.56 毫米 x 45 毫米北约标准口径的步枪。这种步枪主要有两种型号，FN-CAL 轻型自动步枪和更可靠耐用的 FN-FNC 突击步枪。

尽管库存的大量武器可以满足未来几年战争的需要，鉴于当时的环境，FAL 自动步枪不得不继续改进以跟上轻武器的发展步伐。

乌兹冲锋枪（1954）

乌兹冲锋枪的外形非常容易识别。它是第二次世界大战后新一代冲锋枪的代表，采用了包络式枪机和手枪弹匣。

乌兹冲锋枪由以色列人乌兹·盖尔设计研发，他 15 岁时就对枪支设计产生了浓厚的兴趣。1948 年，以色列建国，用各种各样的战争剩余武器击退了阿拉伯军队的联合进攻。从此，以色列军事工业公司试图通过本土设计推动以色列枪支合理化发展，盖尔着手开始研发新式轻武器。他特别研究了 20 世纪 40 年代捷克枪支的一些创新设计，将弹匣直接进入握把，而不是独立安装在扳机护圈前面。

另外，为了使整体尺寸更短，该枪配备了包

枪机
乌兹冲锋枪采用开放式反后坐枪机，包络式枪机缩进机匣后部。

这张剖面图显示了乌兹冲锋枪的基本结构。虽然枪机结构新颖，但它本质上是一款结构简单的反后坐冲锋枪。

握把
握把整合了弹匣、弹匣释放钮和握把保险。

络式枪机，枪机缩进机匣后部。这样的设计在保证枪机质量来控制后坐的同时，可以缩短枪身的整体长度。盖尔的设计成果就是这支漂亮的 9 毫米口径乌兹冲锋枪。

便携式火力

20 世纪 50 年代初，乌兹冲锋枪接受了复杂严峻的测试，最终以自身优点说服了以色列军方。

乌兹冲锋枪采用金属冲压工艺以节约生产成本，提高生产效率，枪支总重 3.7 千克。

枪身
机匣中的凹槽可帮助清理部件上的灰尘和碎屑。

枪托
折叠枪托在机匣后部的下方通过铰链锁定到位。

上图： 迷你乌兹冲锋枪，打开枪托后，枪身长度为 600 毫米，折叠枪托时，枪身长度为 360 毫米，射速为每分钟 950 发。

乌兹冲锋枪于 1954 年投入生产并装备部队，它与大多冲锋枪有本质上的不同。最初，枪支采用固定的木制枪托，1967 年更换为金属折叠枪托。此后，乌兹冲锋枪全部采用金属和塑料材质，枪托折叠后枪身长度为 470 毫米，枪托伸开后枪身长度为 650 毫米。这支微型冲锋枪不仅是战场上士兵使用的便捷武器，而且也非常便于储存和运输。

这种结构设计受到以色列特种部队的欢迎，枪托折叠后很容易将枪藏在衣服或手提袋中。

乌兹冲锋枪非常可靠耐用，其公差尺寸很大，足以应付灰尘和沙子。对于以色列军队来说，这非常重要，因为战斗中经常伴随着沙尘天气。乌兹冲锋枪有三个保险装置：第一个是快慢机保险开关；第二个是枪机拉柄保险，通过拉柄槽内的棘轮锁定枪机，防止意外走火；第三个是握把保险，只有紧握握把保险，才能开火射击。

由于枪身尺寸较小，而且采用弹匣握把一体化设计，乌兹冲锋枪的稳定性特别好，全自动连发射击时也非常容易控制。很重要的一点是该枪射速为每分钟 600 发，以色列战斗小组可以在 200 米有效射程内发射密集火力。仅用拇指就可以操作觇孔式照门在 100 米和 200 米射程之间切换。

传奇武器

无论是类似第三次中东战争的常规作战，还是特种部队在边境发动的突袭行动，乌兹冲锋枪都证明了自己的价值。

技术参数

尺　　寸	长度：枪托打开 650 毫米 　　　枪托折叠 470 毫米 枪管长度：260 毫米
重　　量	3.7 千克
口　　径	9 毫米
操作方式	枪栓回弹
供　　弹	25 发或 32 发弹匣
初　　速	400 米／秒
射　　程	200 米
射　　速	600 发／分钟

1955 年，以色列军队在加沙边境附近巡逻。乌兹冲锋枪在巷战和近战中表现出色，但在开放战场中表现平平。

单兵防卫武器

单兵防卫武器是 20 世纪 90 年代定义并研发的一种特殊武器。单兵防卫武器具有更好的弹道性能和紧凑的枪身设计，更适合支援部队在车载或机载环境中携带，从某种意义上讲可以代替冲锋枪。最具代表的枪型是 FN P90 冲锋枪，使用 50 发弹匣，采用可选择射击模式、无枪托设计。它使用 5.7 毫米 × 28 毫米子弹，能够射穿轻型装甲。枪身非常紧凑，长度为 505 毫米。单兵防卫武器的另一个代表枪型是 HK MP7 冲锋枪，它使用 4.6 毫米 × 30 毫米子弹。单兵防卫武器主要供特种部队和执法部门使用。

20 世纪六七十年代，大量销往国外。乌兹冲锋枪也有很多衍生枪型。20 世纪 80 年代，研发了尺寸更小的乌兹迷你冲锋枪和乌兹微型冲锋枪。乌兹微型冲锋枪折叠枪托后的枪身长度仅为 250 毫米，射速达到每分钟 1250 发。这些枪支被各国特种部队广泛采用，同时一些犯罪集团也使用乌兹冲锋枪，使该武器在 20 世纪 80 年代声名狼藉。

乌兹冲锋枪总产量超过 1000 万支，是产量最高的冲锋枪之一。乌兹迷你冲锋枪和微型冲锋枪如今仍在以色列生产制造，标准版乌兹冲锋枪也在翻新使用。最新型号的乌兹冲锋枪通过安装皮卡汀尼导轨，可以加装战术灯、光学瞄准具等战术装备，以适应现代武器的发展步伐，但是有些军方观点认为乌兹冲锋枪略显陈旧。20 世纪 60 年代，突击步枪开始动摇冲锋枪的战场地位。在特种部队武器市场上，像 H＆K MP5 冲锋枪之类的枪械虽然也能提供更精准的火力，但是如果需要紧凑型武器，乌兹冲锋枪依然是最好的选择。

M60 通用机枪（1957）

M60 通用机枪至今仍在美国部队服役，通常用于直升机舱门机枪。

M60 通用机枪是一款典型的美国机枪，但它的内部结构源于第二次世界大战期间的德国机枪。美国通用机枪的研发完全受到德国 MG 42 通用机枪的影响，这种机枪可以安装底座和快速更换枪管来发挥各种战术作用。20 世纪 40 年代中期，美国军方开始寻求一款可以替代勃朗宁 M1919A6 机枪和勃朗宁自动步枪的新式武器。

斯普林菲尔德兵工厂的设计师们没有重新设计研发，而是从之前最好的武器中寻找灵感。1944 年，他们将德国 MG 42 通用机枪的供弹系统与 FG 42 突击步枪的导气机构结合在一起。这是一个很好的融合，尽管还存在一些机械问题。战后，它与某模具公司合作研发使用 7.62 毫米 x 51 毫米北约标准子弹的武器，定型

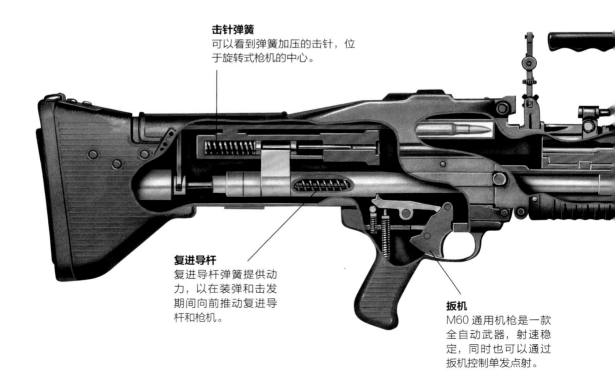

击针弹簧
可以看到弹簧加压的击针，位于旋转式枪机的中心。

复进导杆
复进导杆弹簧提供动力，以在装弹和击发期间向前推动复进导杆和枪机。

扳机
M60 通用机枪是一款全自动武器，射速稳定，同时也可以通过扳机控制单发点射。

为 T161E3 机枪，1957 年被美军列装部队，命名为 M60 通用机枪。

有机结合

M60 通用机枪有很多值得推荐的地方。它是采用弹链供弹的导气式武器，循环射速为每分钟550 发。拉动枪机拉柄，枪机被固定在后方待机。扣动扳机，复进弹簧导杆向前推动枪机从可分散弹链上取下一发子弹，并推进枪膛。然后，复进弹簧导杆继续向前移动，通过枪机上的凸轮使枪机旋转，使闭锁凸榫与枪管凹槽里的闭锁齿套啮合，锁定枪机。

左图：M60E3 机枪比早期的枪型有了明显改进。两脚架、导气装置和枪管独立设置。

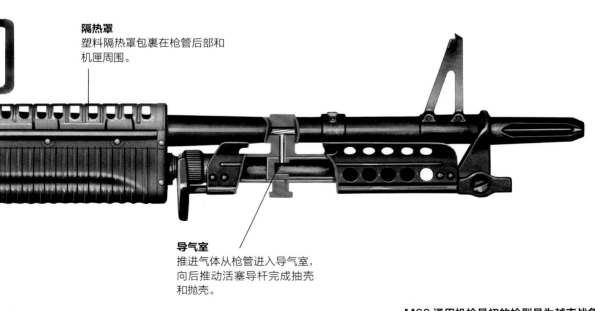

隔热罩
塑料隔热罩包裹在枪管后部和机匣周围。

导气室
推进气体从枪管进入导气室，向后推动活塞导杆完成抽壳和抛壳。

M60 通用机枪最初的枪型是为越南战争专门设计的，并在战争中得到广泛应用。

从 1984 年起，5.56 毫米口径 M249 班用机枪成为美国陆军和海军陆战队的主要轻机枪，代替 M60 通用机枪发挥了重要作用。

后坐时，枪机按照这个过程向后移动，抽出弹壳并抛出枪外。

M60 通用机枪在生产过程中采用了塑料、冲压等最新生产工艺。枪管的前 150 毫米镀有合金涂层，大幅提高枪管的防腐性能，并延长枪管的使用寿命。在 1967 年的一次测试中，一挺 M60 通用机枪连续发射了一条 50 米的弹链子弹，导致枪管温度过高，但枪支本身并没有发生故障和损坏。

到目前为止，一切都还不错。早期的 M60 通用机枪存在一些关键的设计缺陷需要解决，而且这些缺陷在越南战争中暴露得非常明显。首先，M60 通用机枪并不是特别轻，重达 10.5 千克，比 FN 通用机枪重了约 500 克。更重要的是，枪支的两脚架、枪管和导气机构采用一体式设计。更换枪管时，枪手必须把枪举起来，由副机枪手拆装笨重的枪管，这在激烈的战场环境下是非常危险的。此外，更换枪管需要使用石棉手套，安装完毕后还要重新校枪以确保有效射程和射击精准度。

M60 通用机枪还有一些其他方面的问题，包括退弹器会撕裂弹壳边缘，枪膛密封部件故障，在潮湿环境下出现卡壳，以及一些金属加工缺陷等。

设计改进

M60 通用机枪的确有一些明显的故障需要排除。第一个重大改进型号是 M60E1 机枪，它将枪管与两脚架、导气系统分开，以方便更换枪

技术参数

尺　　寸	长度：1067 毫米 枪管长度：560 毫米
重　　量	10.5 千克
口　　径	7.62 毫米 × 52 毫米 北约标准子弹
操 作 方 式	导气式
供　　弹	脱落式链钩弹链
初　　速	860 米 / 秒
射　　程	3000 米
射　　速	550 发 / 分钟

一名美国海军陆战队机枪手和副机枪手在联合演习中使用 M60E3 机枪射击，该机枪安装三脚架以提高持续射击时的稳定性。

枪管高温问题

开枪射击时，子弹产生的热量大约有 30% 传递给了枪管。火药爆炸瞬间，枪管内部的温度可达 1000℃。虽然一次射击后，温度会快速下降，但是持续射击的枪机热量会逐渐累积达到临界状态。500℃ 的膛温不仅会导致枪管腐蚀进而影响射击精准度，而且会导致子弹走火。控制枪管高温的办法有很多，对于机枪来说，最好的办法是采用可以快速更换的枪管。枪管过热时，可以迅速更换下来进行冷却，而射手可以安装新的枪管继续射击。

管，并提高了枪支的可靠性。其实，M60E1 机枪并没有全面投入生产，相关改进被应用到萨科防务设计的 M60E3 机枪上，并于 1986 年投入使用。

这个枪型进行了大幅改进和简化，导气系统更加高效，两脚架固定在机匣上以提高稳定性。但此时，美国军方采用了 M240 机枪作为制式通用机枪，采用 M249 机枪作为制式轻机枪。

尽管如此，M60 通用机枪仍然被军方广泛使用。有几种专门设计的枪型被成功用作车载机枪（M60E2 机枪）或武装直升机舱门机枪（M60B/C/D 机枪）。此外，美国军方还有一个全新的现代化枪型——由美国军械公司制造的 M60E4 机枪（海军称之为 Mk 43 Mod 0 机枪）。该型号是 M60 通用机枪的一次重大改进，作为主要车载武器一直在使用。它被丹麦和其他国家作为制式机枪装备部队。M60 通用机枪经历了一个艰难的发展历程，但它经过不断优化和改进，成为士兵可以完全信赖的武器。

FN MAG 通用机枪（1958）

FN MAG 通用机枪完美展示了通用机枪的概念。它一共制造了约 20 万支，先后被 80 多个国家使用。

20 世纪 50 年代，许多欧洲国家开始研发新式轻武器，FN MAG 通用机枪应运而生，这是突击步枪的时代，但也是通用机枪的时代。第二次世界大战期间，德国通过 MG 34 通用机枪和 MG 42 通用机枪展示了通用机枪的强大威力。比利时赫斯塔尔公司希望将通用机枪概念应用到一款新式武器当中，该武器口径为 7.62 毫米 x 51 毫米，后来成为北约标准口径。

FN MAG 通用机枪由欧内斯特·费尔菲设计，经过广泛的试验和测试，于 20 世纪 50 年代后期投入使用。"MAG"的意思是"通用机枪"，一开始该武器的性能和质量就非常出色。

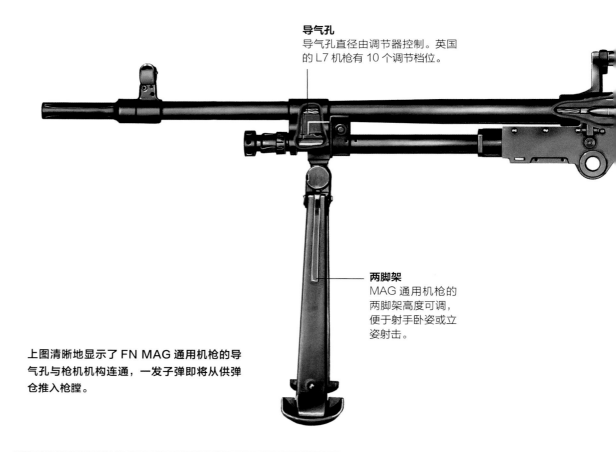

导气孔
导气孔直径由调节器控制。英国的 L7 机枪有 10 个调节档位。

两脚架
MAG 通用机枪的两脚架高度可调，便于射手卧姿或立姿射击。

上图清晰地显示了 FN MAG 通用机枪的导气孔与枪机机构连通，一发子弹即将从供弹仓推入枪膛。

其实，英国陆军很快将其作为制式火力支援武器列装部队，命名为 L7A1 机枪。L7 系列机枪以及后来的英国版通用机枪于 1961 年获得许可在英国生产。

作为通用机枪，L7 机枪取代了维克斯重机枪和布伦式轻机枪。1977 年，它被美国陆军采用并命名为 M240 机枪，最初作为坦克并列机枪，使用范围后来扩大到美国陆军制式中型机枪（M240B）、直升机舱门机枪等领域。迄今为止，MAG 通用机枪被全球 80 多个国家采购或特许生产。

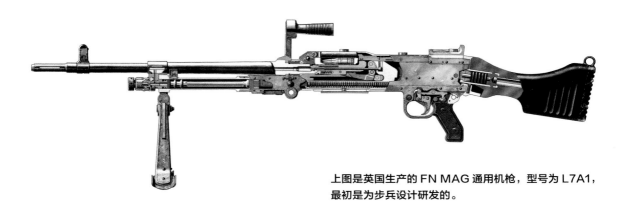

上图是英国生产的 FN MAG 通用机枪，型号为 L7A1，最初是为步兵设计研发的。

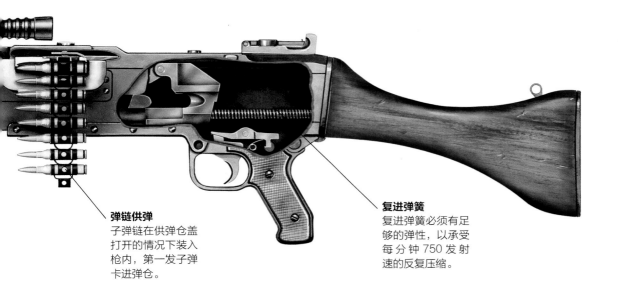

弹链供弹
子弹链在供弹仓盖打开的情况下装入枪内，第一发子弹卡进弹仓。

复进弹簧
复进弹簧必须有足够的弹性，以承受每分钟 750 发射速的反复压缩。

M240 机枪是 FN MAG 通用机枪的美国型号。在美军内部，M240 机枪共有 8 个枪型，其中常用的两种枪型是美国陆军使用的 M240B 机枪和海军陆战队使用 M240G 机枪。

标准MAG

MAG 通用机枪的标准枪型是 60-20 型号，安装在两脚架上，用于步兵火力支援和突击任务。该机枪是采用开膛待机的导气式机枪。扣动扳机释放枪栓时，枪栓向前滑行从金属弹链上取下一发子弹并推入枪膛。当枪栓闭合枪膛，它通过机匣底板上的闭锁杆闭锁枪机。位于枪机顶部的凸榫在机匣盖内的曲线轨道中滑动来驱动供弹机构。

MAG 通用机枪的操作机构借鉴了勃朗宁自动步枪，弹链供弹机构借鉴了 MG 42 通用机枪。

MAG 通用机枪是一种导气式机枪，将发射气体从枪管导入导气室，导气室里的活塞与枪机机构相连，击针安装在枪机支架上。射手可以根据具体战场环境，通过气体调节器控制气体流量来调节射速。

从外部结构看，MAG 通用机枪有一个左侧供弹机构，可以采用北约标准 M13 可散式弹链或德国 DM1 不可散式弹链供弹。MAG 通用机枪还可以在侧面安装一个 50 发的弹盒用于执行突击任务。MAG 通用机枪配备可快速更换的枪管。枪管内部镀铬处理，枪口安装有大型消焰器。较大的提把不仅便于携带枪支，而且还可以辅助机枪手在无需触摸枪管的情况下拆卸高温的枪管。枪管前部是一个片装准星，可根据风向和仰角调节。它与枪身后部的可翻转式照门相对应；标尺平放时，射程为 800 米，标尺竖起后射程可达 1800 米。

技术参数

尺　寸：	长度：1250 毫米 枪管长度：546 毫米
重　量：	10.15 千克
口　径：	7.62 毫米 ×51 毫米北约标准子弹
操作方式：	导气式
供　弹：	金属弹链
初　速：	853 米 / 秒
射　程：	1800 米
射　速：	750 发 / 分钟

机枪枪身

机枪的标准两脚架连接在导气室前端的平衡点上，可以使机枪在高速射击时保持稳定。两脚架高度可以调节，士兵以立姿射击时，可以抓握两脚架并将枪身抵住身体。另外，机枪还可以采用实心木制枪托，作为车载机枪时也可以取消机枪枪托。

MAG 通用机枪是一款大威力轻武器，在极端恶劣条件下，仍精准可靠，易于操作。此外，它确实没有辜负通用机枪的称号。经过了半个多世纪的发展，战斗中它仍然被安装在直升机舱门、坦克、步战车、悍马军车、两脚架、三脚架和遥控炮塔上。

MAG 通用机枪在世界各国广受欢迎，包括美国、英国、中国、埃及、法国、印度、印度尼西亚、新西兰、新加坡和南非等国家。由于 FN MAG 通用机枪采用 7.62 毫米 x 51 毫米北约标准子弹，很难对该机枪及衍生枪型进行进一步升级改进。

车载机枪

FN MAG 通用机枪曾用于数十种车辆和战机，包括轻型和重型坦克（蝎式侦察坦克、M1 主战坦克、S103 主战坦克）、装甲车（APC 装甲运兵车）、步战车（布莱德利步战车、LAV-25 步战车）、轻型车（悍马）和直升机（黑鹰直升机、山猫直升机、奇努克直升机）等。有的车载机枪将普通 MAG 通用机枪安装在机枪支架上，有的车载机枪安装在电控升降的遥控吊舱里。

M14 自动步枪（1959）

M14 自动步枪是美军轻武器史上的过渡产品。它于 20 世纪 50 年代后期投入使用，为替换当时的 M1 加兰德步枪、M1 卡宾枪、M3 黄油枪和勃朗宁自动步枪等枪械而设计研发。

第二次世界大战尚未结束，美国军方已经开始试验可以替代 M1 加兰德步枪的标准步枪。战争期间，M1 加兰德半自动步枪为美国提供了强大的火力优势，但是随着大容量弹匣、可选择射击模式步枪的不断发展，未来的替代枪型变得至关重要。

斯普林菲尔德军工厂在新式军用武器的竞标中脱颖而出，集中精力改进 M1 加兰德的结构、供弹系统和布局，以打造一支威力强大的战斗步枪。战斗步枪与突击步枪的区别在于前者使用的是大威力步枪子弹，而不是突击步枪使用的中等威力子弹。20 世纪 50 年代初期，斯普林菲尔德军工厂的工程师们设计出了 T44 步枪，使用新型 7.62 毫米 × 51 毫米北约标准子弹，并且在与 FN FAL 轻型自动步枪的对比测试中胜出。

竞争非常激烈。事实证明，FN FAL 轻型自动步枪是一款性能出色且备受推崇的现役武器，尽管对 T44 操作系统进行了大幅改进，但它只在寒冷气候测试中取得了优势。最终，美国军方选择了自主研发的 M14 自动步枪。

枪托
M14 自动步枪枪托先后使用过三种材料：胡桃木、桦木、玻璃纤维。

照门
M14 自动步枪采用弧形标尺，侧面的旋钮可以根据风力和高度进行调节。

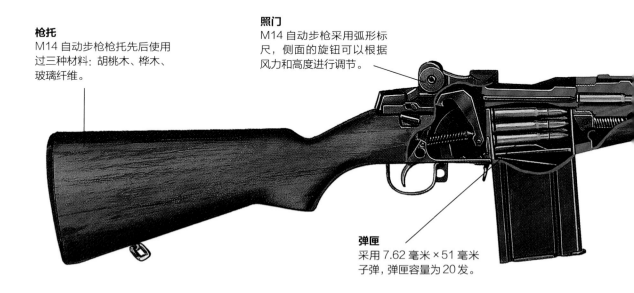

弹匣
采用 7.62 毫米 × 51 毫米子弹，弹匣容量为 20 发。

加兰德血统

M14 自动步枪是一款导气式步枪，导气机构在 M1 加兰德步枪的基础上进行了一些改进，以满足全自动射击的需要。M14 自动步枪与 M1 加兰德步枪最明显的区别是用 20 发可拆卸弹匣代替了 8 发整体式弹匣，这是一项重大改进。因为

M14 自动步枪是选择性射击武器，全自动射击速度达到每分钟 750 发，所以增加弹匣的容量是非常必要的。

实际上，这是枪支设计史上的飞跃。7.62 毫米×51 毫米步枪的抵肩式全自动射击震动非常大，即使是最强壮的士兵也很难控制。

M14 自动步枪借鉴了 M1 加兰德步枪的机匣和枪托结构，而 20 发的弹匣和突出的枪管是 M14 自动步枪的特点。

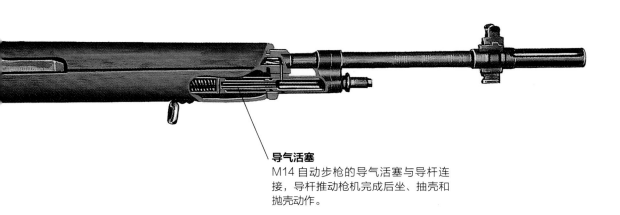

导气活塞
M14 自动步枪的导气活塞与导杆连接，导杆推动枪机完成后坐、抽壳和抛壳动作。

M14 自动步枪仍在使用。2011 年，美军士兵在阿富汗使用 M14 自动步枪射击。M14 自动步枪具有一种强烈的"复古"感，许多士兵都很喜欢它。

因此，使用 M14 自动步枪进行半自动射击的情况并不少见。这样做有一个好处就是节省子弹，因为全自动射击模式下弹匣中有限的 20 发子弹很快会打光。若美军遭遇携带 AK 自动步枪的敌人，后者的弹匣容量为 30 发，因此 M14 自动步枪在持续火力方面难以与 AK 自动步枪抗衡。

M14 自动步枪于 1959 年开始服役，到 1965 年一共生产了 138 万支，直到 1970 年逐步被 M16 自动步枪取代。M14 自动步枪作为制式步枪的时间很短，主要有以下 4 个原因：首先，该步枪的后坐力相当大，而新一代突击步枪的后坐力较小，全自动射击时非常舒适且可控。第二，与 M16 自动步枪相比，M14 自动步枪更重，M14 自动步枪重 3.88 千克，而 M16 自动步枪仅重 2.86 千克。第三，M14 自动步枪在越南暴露出一些问题，特别是木制枪托在潮湿环境下膨胀而影响机械机构和射击精准度问题。第四，M14 自动步枪没有达到设计目标，作为全自动步枪来说，它的威力太大；作为轻型机枪来说，重量太轻；而作为冲锋枪来说，重量太重。M14 自动步枪无法做到十全十美。

据说，即使 M16 自动步枪放在美国军火库中长毛，许多士兵也不愿意扔掉手里的 M14 自动步枪。他们欣赏 M14 自动步枪更大的穿透力、更大的射程以及为了掌握大威力战斗步枪使用要领所

技术参数

尺　　寸：	长度：1117 毫米 枪管长度：558 毫米
重　　量：	3.88 千克
口　　径：	7.62 毫米 ×51 毫米北约标准子弹
操作方式：	导气式
供　　弹：	20 发弹匣
初　　速：	853 米 / 秒
射　　程：	800 米
射　　速：	750 发 / 分钟

付出的严格训练。M14 自动步枪是一款非常古老的轻武器。

精准的武器

作为制式步枪，M14 自动步枪在美国和菲律宾、希腊等受援助国家服役多年。M14 将作为半自动精确射击步枪或狙击步枪在战斗中继续使用。海军陆战队给 M14 自动步枪配备了竞赛级枪管、玻璃纤维战术枪托、哈里斯两脚架和用于安装光学瞄准具的皮卡汀尼战术导轨，改装成为远距离精确射击步枪。改装后，步枪的射程可达 800 米。其他高精准度的改进型号包括 M21 和 M25 自动步枪，以及 Mk14 增强型战斗步枪，这些型号在现代战争中广泛使用。尽管它们不如栓动步枪的射程远、精准度高，但是它们具备快速跟进射击的能力，这对于部队的快速机动是至关重要的。

M14 自动步枪绝对不是一款十分完美的制式步枪，它的服役时间很短，只有六年。而它作为狙击步枪仍然继续服役，当需要一款专用步枪时，选择 M14 自动步枪是非常明智的。

精确射手

精确射手是一个全新的概念，是一种战术创新。它可以使步兵班在整个作战范围内具有更大的杀伤力。精确射手定位于常规步兵和狙击手之间。常规步兵通常使用机械瞄准具或简单的光学瞄准具，射击 300 米距离内的目标，狙击手的有效射程远远超过这个范围。相比之下，精确射手则训练有素、装备精良，使用精确射击步枪而不是狙击步枪，可以射击约 500 米范围内的目标。精确射手通常与一名观察员协同作战，观察员将提供目标位置和射击条件等信息。狙击手训练除射击训练外，还包括野战技能和观察技能训练，而精确射手本质上只一名是受过高级射击训练的步兵。英国、美国、印度和以色列是倡导精确射手概念的主要国家。

黑克勒－科赫 G3 自动步枪（1959）

在过去的几十年战争中，四支战斗步枪占据了战场主导地位，即 AK 自动步枪、M16 自动步枪、FAL 自动步枪和黑克勒－科赫 G3 自动步枪。50 多个国家选择使用 G3 自动步枪，它是一款物美价廉、值得信赖的步枪。

G3 自动步枪的研发道路非常曲折，始于德国，经过西班牙，然后又回到德国。最初，G3 自动步枪的基础是战时德国的 StG 45 毛瑟突击步枪，它采用了新式滚柱延迟后坐系统。StG 45 突击步枪并没有投入生产，但战后它的设计者在欧洲其他地区继续工作。其中一位是路德维希·沃格里姆勒，他去了西班牙赛特迈研发中心，他把滚柱延迟后坐系统应用到 A 型步枪上，取得了不错的效果，并研发了一系列非常成功的武器。

20 世纪 50 年代后期，新成立的联邦德国国防军需要购置新式战斗步枪。联邦德国国防军曾考虑采用赛特迈步枪，最终选择了 FAL 突击步枪，但在西班牙研发的这支步枪成为德国军队关注的焦点。

旋转式瞄准具
旋转照门可以在 100 米到 400 米射程内调节。

弹匣
G3 自动步枪采用双排钢制或铝制弹匣。

快慢机
G3 自动步枪的快慢机开关位于机匣左侧，机匣右侧也有快慢机指示器。

著名的黑克勒－科赫枪械制造商获得授权继续研发赛特迈步枪，由此产生的 G3 自动步枪，从 1959 年起成为德国步兵的制式步枪。

G3自动步枪的工作方式

与赛特迈步枪一样，G3 自动步枪采用滚柱延迟后坐装置。

该剖视图中，枪栓位于靠前位置，子弹已经上膛并击发。两个锁定滚柱延迟步枪的后坐，直到子弹离开枪膛。

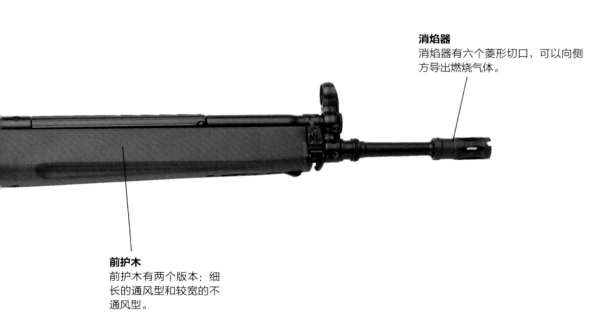

消焰器
消焰器有六个菱形切口，可以向侧方导出燃烧气体。

前护木
前护木有两个版本：细长的通风型和较宽的不通风型。

这是采用固定塑料枪托的 G3A3 自动步枪。G3 自动步枪采用模块化武器系统，可以对枪托、下护木和握把组件进行更换。

H&K G3 自动步枪

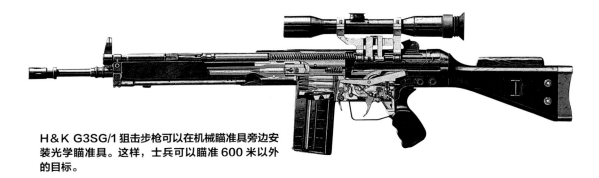

H&K G3SG/1 狙击步枪可以在机械瞄准具旁边安装光学瞄准具。这样，士兵可以瞄准 600 米以外的目标。

射击时，两个闭锁滚柱被完全挤入枪管延伸部分的凹槽里，枪机被两个滚柱锁定。滚柱不像旋转式枪机那样采用刚性方式锁定枪机，所以它们会延迟后坐力直到枪管压力降至安全水平。滚柱最终向内移动解锁枪栓，并利用后坐力重新装弹。该系统功能强大，运行平稳可靠。

尽管 G3 自动步枪发射 7.62 毫米 × 51 毫米大威力北约标准子弹，但它仍是可选择射击模式步枪。半自动步枪是精准射击和节省弹药的战术首选，它以每分钟 500 发到 600 发的速度进行全自动射击，采用 20 发弹匣供弹。快慢机开关位于

技术参数

尺 寸	长度：1025 毫米
	枪管长度：450 毫米
重 量	4.4 千克
口 径	7.62 毫米 ×51 毫米 北约标准子弹
操作方式	滚柱延迟后坐
供 弹	20 发弹匣
初 速	800 米 / 秒
射 程	400 米使用机械瞄准具
射 速	500-600 发 / 分钟

机匣左侧、扳机的正上方，有三种射击模式——保险、半自动射击和全自动射击。值得注意的是，与许多突击步枪不同，G3 自动步枪的枪机拉柄沿枪管盖左侧前后运动，枪口有一个较大的消焰器。

设计 G3 自动步枪的目的是为了大批量生产，它的材料组成也反映了这一事实。机匣大部分采用金属冲压工艺制成。此外，G3 自动步枪第一种枪型采用木制枪托和护木，从 G3A3 自动步枪起更换为塑料材质，下护木也可以作为通风装置。另外，下护木不与枪管接触，热变形不会对枪管产生影响，以此来提高射击精准度。

选装两脚架后，可将 G3 自动步枪改装为轻机枪。在瞄准具方面，首批 G3 自动步枪采用准星和可翻转照门。从 G3A3 自动步枪开始，更换为旋转式照门，枪手在 100 米距离射击时使用 V 形缺口照门，在 200 米、300 米和 400 米距离射击时使用觇孔式照门，三个觇孔直径逐渐减小。

功能性武器

G3 自动步枪虽然不是特别严谨精密的武器，但也并非一成不变。它被设计成一款单兵主力武器，可以为军队提供所需的支援火力。在这方面，G3 自动步枪取得了成功，加上所有变型及特许生

产的型号，G3自动步枪装备了70多个国家。

G3自动步枪还研发了一些军用和警用枪型，以适应不同市场的需求和现代技术的发展。G3A3自动步枪是黑克勒-科赫枪族中产量最高、最有名的枪支，采用灵敏扳机和折叠金属枪托。还有一个卡宾枪枪型，编号G3KA4，它将伸缩式枪托与315毫米的短版枪管结合在一起。

更专业的型号包括一些G3精确射击步枪。比如G3SG/1自动步枪，配备了蔡司1.5～6X可变倍数瞄准具，配有重型缓冲器的加长枪托，可调节的托腮板，以及更加灵敏的扳机。其他精确射击步枪型号还包括MSG3步枪（具有更新的瞄准具座），PSG-1步枪（自由浮动枪管）和MSG-90步枪（较便宜的PSG-1版本）。在国外许可生产的衍生枪型包括伊朗的无枪托版本和英国的机械卡宾枪版本。

H&K的演变

G3自动步枪后来调整口径，采用5.56毫米×45毫米北约标准子弹，以扩大其影响力，增加销量。第一款是20世纪60年代后期开发的HK33步枪，该枪还有卡宾枪和轻机枪版本。

G3自动步枪还演变出了G41步枪，是在HK33E步枪基础上，增加了三连发点射模式。此外，G3自动步枪还有民用枪型，这是一个庞大的枪族。

阿富汗战争经验

2011年7月，一名德国士兵携带G3SG/1自动步枪在阿富汗马扎里沙里夫的街道上巡逻。塔利班和基地组织部队主要使用AK自动步枪、RPK轻机枪和PKM通用机枪，武器主要来自苏阿战争期间的库存或来自巴基斯坦的援助，也有大量美国提供给阿富汗国民军的武器。2014年的一项调查显示，203888件武器没有得到妥善管理。此外，在撰写本文时，阿富汗安全部队拥有超过8万支AK-47自动步枪、5800支榴弹发射器和2500支PKM通用机枪。实战中，西方武器在对抗苏联武器时通常表现良好，但在超过500米射程时，7.62毫米口径步枪比5.56毫米口径步枪更有优势。西方军队倾向于使用更好的光学瞄准具，以提高远程射击的精准度。

PK 通用机枪（1961）

　　PK 通用机枪是根据 AK-47 突击步枪旋转枪机工作原理设计研发的通用机枪。与 AK 步枪一样，它具有很强的可靠性和巨大的威力，产量超过 100 万支。

　　第二次世界大战后，苏联赋予其武装力量一项重要任务——开发一种可靠的通用机枪。DPM 轻机枪的供弹系统存在问题，RPD 机枪采用固定枪管发射 7.62 毫米 × 39 毫米 M1943 子弹，火

照门
PK 通用机枪采用可调片装照门，标定射程从 0 到 1500 米，每个调节间隔为 100 米。

枪托
枪托内装有枪支清洁维护工具。

与许多现代步枪相比，PK 通用机枪的内部结构非常简单，它以可靠耐用、便于维护而著称。

弹链供弹
采用不可散弹链供弹，每 25 发一节，最多可装 250 发子弹。

力受到限制。需要一款类似 MAG 机枪的大威力全自动武器，可以安装在各种支架上，并可以快速更换枪管。

苏联人在 PK 通用机枪上确定了这种模型。20 世纪 50 年代末，卡拉什尼科夫本人接受了新式通用机枪的研发任务，但后来还有一些设计师倾注了大量心血参与竞标。新式机枪的设计目标是在战术上能够替代郭留诺夫 SGM 中型机枪和 RP-46 连用机枪，仍然采用传统的 7.62 毫米 × 54 毫米凸缘子弹。卡拉什尼科夫团队的研发方案在众多先进的方案中脱颖而出，1961 年 PK 通用机枪被苏联红军采用，这里既有政治因素，也有技术因素。但可以肯定的是，卡拉什尼科夫再次成功地满足了一系列苛刻的要求。

枪管
枪管外部有凹槽，既可以减轻重量，又可以起到冷却作用。

消焰器
消焰器通过螺纹拧到枪管上，周围有五个细长的通风孔。

两脚架
高度可调的两脚架安装在导气箍上，右腿中装有通条。

PK 通用机枪在苏联和俄罗斯的军队中服役了 50 多年，充分证明了它的可靠性。

设计传承

新式武器的核心是卡拉什尼科夫验证过的导气式旋转枪机机构带有双锁定凸榫，经过改装后可用于重型武器。与 AK 步枪不同，PK 通用机枪的长行程导气机构位于枪管下方，而不是像 RPK 轻机枪那样位于枪管上方。PK 通用机枪基本型的射速为每分钟 700 发，通常由 100 发、200 发或 250 发弹链供弹，这些弹链从机匣右侧进入机枪中。当 PK 通用机枪作为轻机枪使用时，可使用安装在机匣下方的 100 发弹鼓供弹。

由于使用了 7.62 毫米口径凸缘子弹，PK 通用机枪供弹过程分为两个阶段，第一阶段将子弹向后拉出弹链，第二阶段将子弹向前推入枪腔。弹壳从机匣左侧的抛壳口抛出，重新装弹过程中抛壳口防尘盖会自动关闭。

PK 通用机枪采用一个镂空的木制枪托。基本的枪支清洁和维护套件放置在枪托里。枪支提把位于枪管顶部，可以辅助在几秒内更换枪管。

卸下弹链并打开供弹口，将枪管锁定销推至机匣左侧，然后使用提手撬动枪管使其与枪支分离。接下来，将新枪管插入原位，确保将其准确地靠在导气管上，然后锁紧枪管锁定销，这样就可以重新安装弹链，准备射击。

PK枪族

与大多数通用机枪一样，PK 通用机枪的火力类型由它的底座决定，根据这些底座可以判定是否属于 PK 枪族。除了带有两脚架的基本型 PK 通用机枪外，还有安装在三脚架上的 PKS 机枪。PKT 机枪没有枪托、瞄准具和手动扳机，主要用作装甲车的并列机枪。PKT 机枪通常使用电动扳机，也可以安装可拆卸的紧急手动扳机。

PKM 机枪是 PK 通用机枪的现代化枪型，重新设计后重量减轻，采用不带凹槽的枪管。PKMS 机枪安装在新式斯特柏洛夫三脚架上。在 2005 年 PK 枪族的手册中，美国陆军部非常详细地描述了三脚架：

"最大的配件是通用三脚架，可以用于防空快速射击。PK 通用机枪匹配的是斯迈捷洛柯夫三脚架，重 7.7 千克。1969 年的 PKM 机枪使用一种更轻的新式三脚架，称为斯特柏洛夫三脚架。该三脚架采用全钢冲压工艺，仅重 4.5 千克。三脚架的每条腿都可以折叠便于运输，也可以分别调整高度以适应各种地形。子弹上膛后，可以在保持弹箱位置不变的情况下移动枪支。由于重量很轻，射击时通常使用沙袋来固定斯迈捷洛柯夫和斯特柏洛夫三脚架。"

陆军部，操作手册，7.62 毫米 x 54 毫米，PK 通用机枪（2005）I-1

技术参数

尺 寸	长度：1160 毫米 枪管长度：658 毫米
重 量	9 千克
口 径	7.62 毫米 ×54 毫米
操作方式	导气式
供 弹	不分散弹链
初 速	825 米 / 秒
射 程	1000 米
射 速	700 发 / 分钟

2009 年，阿富汗一名警官与美国海军陆战队成员在阿富汗德拉兰警察局合作时将 PKM 中型机枪安装在炮塔上。

除 PKMS 机枪外，PKB 机枪在 PKM 机枪基础上取消了枪托，安装双 D 型握把和蝶式扳机。最著名的是 6P41 佩切涅格通用机枪，该机枪的最大变化是取消了 PKM 机枪可以快速更换的枪管，采用重型固定枪管。枪管表面有许多纵向散热槽，每小时可发射 1000 发子弹，而且不会缩短枪管寿命（枪管寿命超过 3 万发）。枪管外部装有金属护套，可以加快枪管上的空气流动以快速冷却枪管。

PK 通用机枪也在其他国家改进并生产，至今仍然保持较大的产量。

快速更换枪管

机枪有三种射击速度：持续射击，快速射击和循环射击。根据下列提示更换枪管。

1. 持续射击，每分钟发射 100 发子弹，每次 6 发至 9 发，时间间隔 4 秒至 5 秒。建议持续射击 10 分钟后更换枪管。

2. 快速射击，每分钟发射 200 发子弹，每次 6 发至 9 发，时间间隔 2 秒至 3 秒。建议快速射击 2 分钟后更换枪管。

3. 循环发射，每分钟发射 700 发子弹。建议循环射击超过 1 分钟后更换枪管。

美国陆军部，PK 通用机枪操作建议

M16 自动步枪（1963）

作为美军的制式武器，M16 自动步枪举世闻名，这也掩盖了 20 世纪 60 年代步枪问世时的争议。

M16 自动步枪从设计研发到装备美军的过程非常复杂，包括一些政治和技术因素。从本质上讲，M16 自动步枪的研发与第二次世界大战后美国对现代战争的新式子弹、步枪和火力类型的研究密切相关。随着 M14 自动步枪问题的不断出现，人们开始关注小口径、高射速步枪，这种步枪应该更轻巧且容易操控。

1957 年，阿玛利特公司的尤金·斯通纳根据美国陆军部的要求，设计研发了 5.56 毫米 × 45 毫米 AR-15 步枪（0.223 英寸雷明顿步枪）。后来他将生产许可转让给了柯尔特轻武器公司，柯尔特公司进一步改进 AR-15 步枪，并于 1962 年说服美国国防部采购了 1000 支步枪，在越南战场进行实地测试。

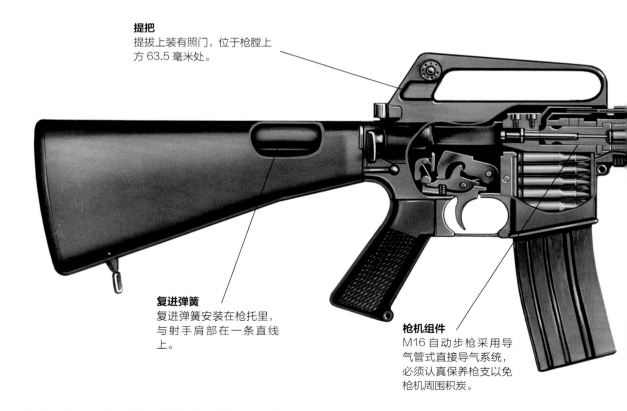

提把
提拔上装有照门，位于枪膛上方 63.5 毫米处。

复进弹簧
复进弹簧安装在枪托里，与射手肩部在一条直线上。

枪机组件
M16 自动步枪采用导气管式直接导气系统，必须认真保养枪支以免枪机周围积炭。

上图：与 M16A1 自动步枪不同，M16A2 自动步枪采用圆形锯齿状下护木，而不是早期步枪的棱角状下护木。

下护木
下护木、握把和枪托都由高强度的合成塑料制成。

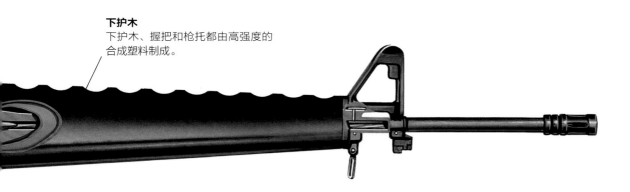

M16A1 自动步枪是 M16 枪族的第一个制式步枪型号，20 世界 60 年代末被美军采用。

M16A4 自动步枪是 M16 自动步枪的最新版本。选择性射击模式包括保险、半自动射击和三连发点射。

测试结果令人非常满意，20 世纪 60 年代美国陆军和空军大量采购该步枪。1967 年，美国陆军正式将该枪作为制式武器，命名为 5.56 毫米口径 M16A1 美国步枪。M16A1 自动步枪与空军 M16 自动步枪不同，它具有前推辅助装置以确保枪机完全闭合。海军陆战队也购买了这种新式步枪。

M16 自动步枪的早期服役并不顺利。虽然许多士兵都对高速 5.56 毫米子弹的杀伤力印象深刻，但部分士兵认为，与 7.62 毫米 × 51 毫米子弹相比，它在射程和穿透力方面还有很大差距。

很多用户对采用大量塑料部件的枪械进行了改进。早期的枪型暴露出枪膛污垢多、退弹卡壳等问题，后来通过改进机械结构和火药类型得以解决。M16 自动步枪逐渐成为一种实用高效的战场武器。

设计与布局

M16 自动步枪是导气式步枪，采用导气管式直接导气系统，推进气体直接作用在枪机支架上，因此不需要复杂的导气活塞机构。它采用直线式设计，枪托顶部与枪管、枪托内的复进弹簧在一条直线上。它是一种可选射击模式武器，全自动射速为每分钟 600 发至 940 发。该步枪还有一个值得注意的特征是机匣顶部的提手照门组合，使照门高出枪管基准线。

20 世纪 60 年代以来，M16 枪族经历了巨大的发展变化。第一个重大升级是 20 世纪 80 年代的 M16A2 自动步枪。该步枪更换采用新式膛线的重型枪管，改进光学瞄准具，加装具有后坐补偿功能的消焰器，安装了圆形前握把，最重要的是增加了三连发点射模式。最近，M16A4 自动步枪在 M16A2 自动步枪基础上得到进一步改进，采用了现代突击步枪的模块化设计，安装可拆卸提把和整体式皮卡汀尼导轨，可安装光学瞄准具、战术照明灯、战术握把和其他装备。

技术参数（M16A2）	
尺　　寸	长度：1006 毫米 枪管长度：508 毫米
重　　量	3.58 千克
口　　径	5.56 毫米 ×45 毫米 北约标准子弹
操作方式	导气式
供　　弹	30 发弹匣
初　　速	1000 米 / 秒
射　　程	600 米
射　　速	600-940 发 / 分钟

越南战争中的美国士兵手持 M16A1 自动步枪射击。许多士兵赞赏 M16 自动步枪的轻便和高的射速，在丛林近距离作战中表现尤为突出。

关于小口径的争论

　　现代轻武器发展史上最激烈的争论之一就是围绕 5.56 毫米 ×49 毫米和 7.62 毫米 ×51 毫米子弹的优缺点展开的。5.56 毫米 ×49 毫米子弹优势明显，单兵轻武器全自动连发射击时，枪支更容易操控，子弹更小、质量更轻，士兵可以携带更多的子弹。子弹初速可达每秒 1000 米，可在敌人体内造成巨大的创伤。然而，有人持反对意见，认为该子弹的射程和穿透力不足，特别是使用 M4 卡宾枪等短管武器发射时更加明显。有人认为，5.56 毫米口径子弹的射击初速非常不错，实战中更容易击穿目标，而不是击倒目标，所以有人主张轻武器应回归 7.62 毫米口径。

　　除了直接改进型，M16 自动步枪还有几种重要的衍生枪型，包括配备重型枪管并改进射击精度的狙击步枪和精确射击步枪。最重要的枪型是 M4 卡宾枪，在美国最近发动的许多战争中大量使用。其实，它在某种程度上已经取代了 M16 自动步枪成为美军制式步枪。M4 卡宾枪本质上是一款更轻、更短的 M16 自动步枪，枪管长度缩短为 368 毫米，采用可折叠枪托，使枪支更紧凑。M4 卡宾枪和 M16 自动步枪都可以采用 M203 的 40 毫米下挂式榴弹发射器，甚至可以安装 12 毫米口径霰弹枪系统。

　　M16 枪族在军事和商业上都取得了巨大的成功。不仅装备了北约大部分国家的军队，80 多个国家购买了该系列武器。尽管有人仍对 5.56 毫米口径子弹的威力持保留意见，但可以肯定的是，如果没有在实战条件下的良好表现，M16 自动步枪不可能在全世界范围内如此广泛地使用。

黑克勒－科赫 MP5 冲锋枪（1966）

　　MP5 冲锋枪的每一个细节都体现着品质。它设计于 20 世纪 60 年代，已成为实施人质营救和反恐行动时执法和军事部门的首选武器。

　　第二次世界大战期间，冲锋枪的设计和生产主要考虑大规模批量生产的需要。因此，像司登冲锋枪、波波沙冲锋枪和 M3 黄油枪等设计生产都非常粗糙，采用简单的机构，将大量的弹药粗略地射向目标。

枪机拉柄
MP5 冲锋枪的枪机拉柄位于下护木左侧，射击时不会往复运动。

下图：MP5A2 冲锋枪是 MP5 枪族的经典标准枪型。两个弹匣被固定在一起，便于快速更换。

第二次世界大战后，一些冲锋枪仍在继续使用，但包括乌兹冲锋枪在内的一些新式冲锋枪崭露头角。然而，随着突击步枪成为战场士兵的主要武器，冲锋枪的时代即将成为过去。但是，有些情况下仍然需要冲锋枪的出色表现。在近战行动中，特别是附近有平民或人质的情况下，冲锋枪是最理想的选择，因为它提供了果断的杀伤能力，以避免使用步枪而造成的过度伤害。人们需要一支能够提供类似精准火力的枪械。

黑克勒－科赫通过 MP5 系列冲锋枪完美实现了这一目标。1964 年研发的 MP5 冲锋枪，满足了反恐作战的需求，并直接引起了英国陆军特种部队、美国特种部队以及大量专业执法机构的兴趣。自 1966 年装备德国警察部队以来，MP5 冲锋枪成为第二次世界大战后最具代表性的冲锋枪之一。

闭锁滚柱
MP5 冲锋枪是延迟后坐式武器，枪机侧面的滚柱可以延迟枪支的后坐力。

照门
MP5 冲锋枪标配环形旋转照门。

弹匣
MP5 冲锋枪可安装 15 发 或 30 发弹匣。

上图：MP5A3 冲锋枪采用可伸缩枪托，3 种可调射击模式，保险、半自动射击和全自动射击。

159

MP5A3 冲锋枪采用可伸缩金属枪托。伸长枪托时，枪身长度为 700 毫米；收起枪托时，枪身长度为 550 毫米。

精确射击

MP5 冲锋枪成功的原因，是该枪采用 H&K 步枪常用的滚柱式延迟后坐机构，该机构以运行可靠而闻名。与其他冲锋枪的另一个区别是，MP5 冲锋枪采用闭膛射击。开膛射击武器的枪机在复进弹簧作用下释放，会导致重心突然变化而严重影响射击精准度。

当准备扣动 MP5 冲锋枪扳机射击时，枪机会向前运动从弹匣中提取一发子弹推入枪膛。当枪手瞄准目标开枪射击时，只有击锤和击针发生移动，从而使枪支保持稳定，且击发动作非常精准。

MP5 冲锋枪的主要特点是高品质和可靠性。采用自由悬浮式枪管，与枪身分离从而进一步提高射击精准度。标准 MP5A2 冲锋枪全自动模式射速为每分钟 800 发，其他一些型号射速更高。护木顶部有一个翘起的枪机拉柄，射击中不会往复运动，防止干扰射手瞄准目标。此外，许多枪型还装配灵活的快慢机组件。

技术参数（MP5A2）

尺　　寸	长度：680 毫米 枪管长度：225 毫米
重　　量	2.55 千克
口　　径	79 毫米帕拉贝鲁姆子弹
操作方式	延迟后坐
供　　弹	10 发或 30 发弹匣
初　　速	400 米／秒
射　　程	200 米
射　　速	800 发／分钟

满足所有要求

MP5 枪族有许多衍生枪型，可满足用户的不同需求。MP5A2 冲锋枪采用刚性合成聚合物枪托，MP5A3 冲锋枪采用折叠金属枪托。20 世纪 70 年代推出的 MP5K 冲锋枪是一种高度隐蔽的反恐武器，在 MP5A2 冲锋枪的基础上取消了枪托，增加了前握把，枪管长度由 225 毫米缩短至 115 毫米，射速提升至每分钟 900 发。

围绕这三种枪型还有数十种变型，既有细微的变化，也有大幅的改进。有些 MP5 冲锋枪是半自动的，也有些型号增加了射击模式选择装置，具有保险、半自动射击、三连发点射和全自动射击模式。具有保险、半自动射击和全自动射击模式的 MP5 冲锋枪最常见，而 4 种射击模式的 MP5-N 冲锋枪是专门为美国海军特种部队设计研发的。

该枪配备有螺纹枪口，射手可以根据需要安装消声器。黑克勒-科赫曾生产一种配有一体式消声器的 MP5SD 冲锋枪。该枪采用轻量化枪机以降低机械噪声，使用枪口消声器并将 9 毫米口径子弹降低至亚声速，从而进一步降低了噪声。

MP5 冲锋枪成功的另一个原因是紧跟现代武器发展步伐，特别是在加装光学和激光瞄准具、战术照明灯等现代战术装备配件方面。此外，该枪族还采用多种口径，除了 9 毫米帕拉贝鲁姆子弹的普通枪型外，还包括使用 10 毫米自动手枪子弹的 MP5/10 冲锋枪和使用 0.40 英寸史密斯 & 维森子弹的 MP5/40 冲锋枪。

1982 年伊朗驻英使馆营救事件中，英国陆军特种部队公开使用了 MP5 冲锋枪，引起公众的关注。MP5 冲锋枪昂贵的价格是其生产质量和战术性能的最高体现。

反恐利器

美国海军海豹突击队在一次搜索和占领训练中，一名士兵手持 MP5-N 冲锋枪在美国海军勒罗伊 - 格鲁曼号补给舰的上层甲板设置一条安全防线。专门从事反恐和人质解救任务的精锐部队往往采用特定射程的轻武器。像 MP5 这样的冲锋枪通常可以在近距离提供密集精确的火力打击。大多数部队携带大容量的半自动手枪作为备用和控制武器，格洛克手枪、HK 手枪、SiG 手枪和贝雷塔手枪等枪型很受欢迎。部队也需要专门火力的支援，比如精确射击的狙击步枪、栓动式步枪、精确射击步枪和12 毫米口径霰弹枪。

M21 狙击步枪（1969）

　　M21 狙击步枪是在 M14 狙击步枪基础上改进研制的，安装了精密加工的枪管和先进的光学瞄准具。

　　狙击步枪主要有两种枪机——栓动枪机和半自动枪机，每种枪机各有利弊。对于远距离射击，栓动式步枪是最佳选择，因为栓动枪机可将子弹平稳地推入弹膛，不会因子弹上膛时的摩擦导致弹头变形而影响飞行稳定性。强大的栓动步枪安装合适的瞄准具，射程可达 1000 米。由于射击精准度会大幅下降，通常不需要射击最大射程的目标。在射击间隙，射手必须停止射击手动装填子弹，所以在近战中，栓动步枪难以进行快速跟进射击或快速变换目标。相比之下，由于半自动

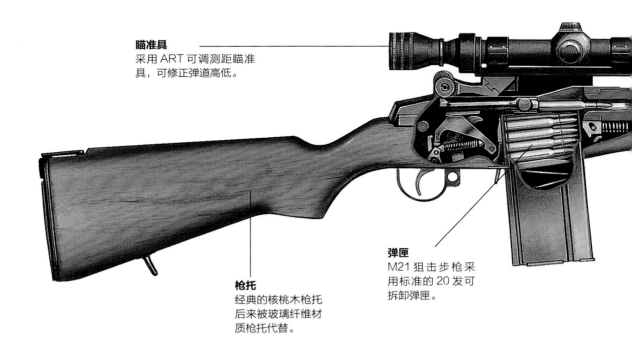

瞄准具
采用 ART 可调测距瞄准具，可修正弹道高低。

枪托
经典的核桃木枪托后来被玻璃纤维材质枪托代替。

弹匣
M21 狙击步枪采用标准的 20 发可拆卸弹匣。

步枪的子弹通过自动装弹机构剧烈的复进动作推入枪膛，半自动步枪的射程远不如栓动步枪。即便如此，半自动步枪有效射程仍可达到600米，而且在射击间隙射手可以据枪快速切换目标。还有一个优点是，在常规的步兵交战中，士兵可以利用半自动狙击步枪为战斗小组提供火力。

由于是在 M14 步枪基础上设计研发，M21 狙击步枪非常容易辨认。实际上，装有瞄准具的 M14 步枪经常被误认为是 M21 狙击步枪。

活塞
短行程（37 毫米）活塞为加兰德型操纵杆提供动力。

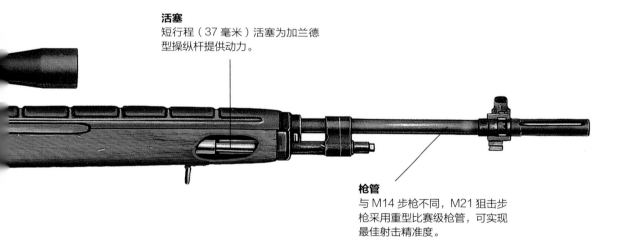

枪管
与 M14 步枪不同，M21 狙击步枪采用重型比赛级枪管，可实现最佳射击精准度。

M21 狙击步枪以其精准性、可靠性和快速跟进射击的能力而被美军选择在越南战争中作为制式武器装备部队。

M21 狙击步枪是半自动步枪，它已经在实战中证明了半自动狙击步枪的战术性能并发挥了重要作用。M21 狙击步枪是由美国陆军司令部和阿伯丁试验场战争局两个部门在 20 世纪 60 年代后期研发的武器。当时，美军选择轻型 5.56 毫米口径 M16 步枪作为军用制式步枪，M14 步枪逐渐退役。美军拥有 M40（基本上是雷明顿 700 步枪）等栓动式狙击步枪，但是两个部门开始研究一种可以发射精确密集火力的新式武器，供狙击手使用。

改进与弹药

新式步枪是在 M14 国家竞赛级步枪基础上研发的，它是 M14 步枪的民用射击比赛版本。在 M14 国家级竞赛步枪上安装了莱特伍德 3~9 倍可调测距瞄准具，可在 300 米至 900 米射程内自动调节。新式步枪还保留了 M14 步枪的机械瞄准具以作备用。

第一支新式步枪于 1969 年投入使用，命名为 XM21 狙击步枪，采用核桃木枪托，1975 年被玻璃纤维枪托取代，这种合成材料可以防止枪

机械瞄准具

以下是美国陆军 M21 狙击步枪机械瞄准具使用指南：

M21 狙击步枪采用国家比赛级瞄准具。高低调节旋钮可以调节弹着点高度，顺时针旋转旋钮可以向上修正弹着点，逆时针旋转旋钮可以向下修正弹着点，小齿轮转动一格可以调整 1 个角度密位，调整光圈调也可以调整 0.5 个高度密位。将光圈调整到顶端，可以向上修正弹着点 0.5 个密位，调整到最低点，可以向下修正弹着点 0.5 个密位。风偏调节旋钮可以横向调节瞄准具，顺时针转动刻度旋钮可以向左修正弹着点，逆时针旋转旋钮可以向右修正弹着点。每个刻度可以调整 0.5 个密位。

陆军部，FM23-10，狙击手训练

（1994 年）

支在潮湿条件下发生变形。1972 年该步枪被命名为 M21 狙击步枪，它是标准的导气式旋转枪机栓动步枪，取消了自动射击模式。

该枪标配 20 发弹匣，同时也可以为想减轻枪支重量的射手提供 5 发或 10 发弹匣。

子弹对新式武器很重要。狙击手使用特制的子弹，方可确保制造质量和弹道性能。M21 狙击步枪选择了 7.62 毫米 M118 北约标准子弹，这是一种与 ART 瞄准具相匹配的超远程子弹。使用这款子弹，M21 狙击步枪可以在 800 米的射程内进行精确射击。

必要的现代化

M21 狙击步枪是一款很好的轻武器，它也需

技术参数

尺　寸：	长度：1118 毫米
重　量：	5.27 千克
口　径：	7.62 毫米 ×51 毫米北约标准子弹
操作方式：	气动枪栓
供　弹：	20 发弹匣
初　速：	853 米 / 秒
射　程：	800 米
射　速：	—

要进行现代化改进以跟上轻武器的发展步伐。一些型号配备了两脚架或可调枪托。此外，即将取代 M24 狙击步枪的 M25 狙击步枪正在研发当中，是专门为美国陆军特种部队和美国海豹突击队打造的。它在 M14 和 M21 狙击步枪基础上，安装了玻璃纤维枪托、哈里斯两脚架和高精度瞄准具，并对活塞等部件进行了改进。必要时，还可以安装消声器。

M21 和 M25 狙击步枪都在战斗中经过了全面测试。尽管半自动狙击步枪层出不穷，M21 狙击步枪仍然发挥着重要作用。实际上，在伊拉克和阿富汗战争中，当新式现代武器供应难以满足战场需求时，许多 M21 狙击步枪重新投入使用。

步兵班组配备 M21 狙击步枪后，其作战范围因 M21 狙击步枪的最大射程而扩大，M21 狙击步枪发挥了不可替代的作用。

两名美国空军士兵正在狙击训练。左边的士兵手持 M21 狙击步枪，右边的士兵手持 M24 狙击步枪。

加利尔突击步枪（1973）

加利尔突击步枪是根据第三次中东战争的经验教训，为满足以色列的使用需求而设计制造的。它是非常可靠耐用的步枪，满足了以色列的军事需求。

1967 年 6 月，以色列对周边国家发动了第三次中东战争，并取得了胜利。尽管以色列国防军展示出卓越的战术素养，但对于他们配备的轻武器，有一些值得总结和吸取的经验教训。

以色列人最痛苦的是在第三次中东战争中首次面对大量的 AK 系列步枪。当时，以色列国防军主要使用乌兹冲锋枪和 FN 轻型自动步枪。两者的弱点在 AK 自动步枪面前暴露无遗。乌兹冲锋枪采用全自动火力，射程却比 AK 自动步枪短 100 多米。FN 轻型自动步枪的射程超过 AK 自动步枪 300 多米，但是 AK 自动步枪威力更大，而且比 FN 轻型自动步枪更短、更轻、更便于操

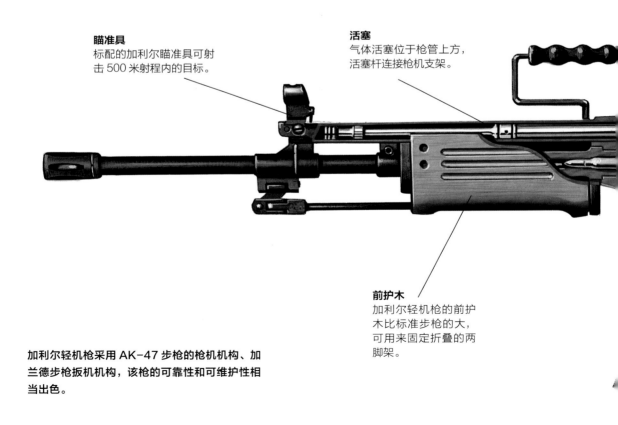

瞄准具
标配的加利尔瞄准具可射击 500 米射程内的目标。

活塞
气体活塞位于枪管上方，活塞杆连接枪机支架。

前护木
加利尔轻机枪的前护木比标准步枪的大，可用来固定折叠的两脚架。

加利尔轻机枪采用 AK-47 步枪的枪机机构、加兰德步枪扳机机构，该枪的可靠性和可维护性相当出色。

作，以色列的武器显然需要改进了。

给国防军士兵带来火力优势。当然也有一些现成的选择，比如美国的 M16A1 突击步枪，但以色列决定沿用本土设计。

新设计

以色列需要一款属于自己的突击步枪，可以

加利尔轻机枪两脚架设计得非常好。可以用作开瓶器，避免士兵使用弹匣和牙齿开瓶，两脚架折叠时有助于快速装填子弹。

旋转枪机
加利尔突击步枪的旋转枪机机构与 AK-47 自动步枪相同。

枪托
加利尔突击步枪枪托可以折叠到枪身右侧。

弹匣
标配弹匣容弹量为35 发，也有 50 发的高容量弹匣。

然而，由于以色列军队内部补给有问题，在20世纪70年代，大量M16A1步枪装备以色列国防军，并且很受欢迎，但这并不意味着新型步枪无法发挥应有的作用。

新型步枪的两名设计师分别是乌兹尔·加尔和伊斯拉尔·加利尔，乌兹尔·加尔是乌兹冲锋枪的发明者。最终，伊斯拉尔·加利尔的设计方案胜出。加利尔是在芬兰Rk 62突击步枪基础上设计研发的（首批生产的加利尔突击步枪使用了

加利尔的狙击步枪枪型被称为加拉兹狙击步枪，是加利尔突击步枪的7.62毫米口径版本，配有重型枪管，25发弹匣和位于机匣左侧的瞄准具支架。

Rk 62的枪身），该突击步枪采用AK步枪可靠的导气式螺旋枪机机构。

因此，加利尔采取这种结构和布局，借鉴了M1加兰德步枪的扳机系统，将口径从苏联标准的7.62毫米×39毫米更改为北约标准的5.56毫米×45毫米。经过复杂苛刻的测试，1972年加利尔突击步枪取代FN轻型自动步枪，正式被以色列国防军作为制式武器装备部队。

现代特色

加利尔之所以获得成功，是因为他将AK步枪枪机机构和M1加兰德步枪扳机机构成熟的设计方案与现代制造工艺和材料结合在一起。枪身没有采用冲压制造，而是采用铣削锻造，这使部件更加坚固。所有外部零件都经过了磷化处理，并涂有黑色防腐涂层。

枪身包括一个高强度塑料前护木和握把，以及一个钢制管状枪托，枪托可以向枪身一侧折叠以便于存放或运输。在弹药供应方面，标配弯曲的35发弹匣，也可以通过转接器使用M16步枪的标准弹匣。

技术参数（ARM）

尺　寸	长度：979毫米 枪管长度：460毫米
重　量	4.35千克
口　径	5.56毫米×45毫米北约标准子弹
操作方式	气动枪栓
供　弹	35发或50发弹匣
初　速	950米/秒
射　程	600米
射　速	650发/分钟

加利尔突击步枪安装两脚架，可变型为轻机枪。瞄准具有一个可调节风偏和仰角的照门，预设两个翻转式觇孔，对应射程分别为300米和500米。两处照门还配有可折叠的氚光夜视瞄准具。

加利尔突击步枪在以色列取得成功，并出口到20多个国家。它有很多衍生枪型，基本型叫作AR标准型突击步枪；卡宾枪两种型号，分别是SAR和MAR短管突击步枪。SAR卡宾枪在AR突击步枪基础上缩短了枪管长度，调整了导气机构。MAR卡宾枪是紧凑型AR突击步枪，改进的地方更多。枪身和枪机经过了重新设计，枪托折叠后的枪身尺寸仅为465毫米。

加利尔枪族使用比较广泛的枪型是ARM轻机枪，带有两脚架、提手和大型护木，大型护木可起到散热作用，也可用来固定折叠的两脚架。加利尔还有一些7.62毫米口径枪型，与同版本步枪、卡宾枪、轻机枪配置相同。还有一款半自动狙击步枪，即加拉兹狙击步枪，配有重型枪管、两段式可调扳机和自由调节式枪托，可加装光学瞄准具。20世纪70年代以来，加利尔枪族一直为以色列等国家提供良好的服务，并跟上了现代武器的发展步伐。

每周维护

以下是以色列军事工业（IMI）对加利尔突击步枪每周维护检查的官方建议：

1. 目测枪栓表面，并确保击针导向孔没有变形或损坏。

2. 目测击针尖端和拔出器，确保它们是可用的。

3. 检查保险是否可用。

4. 检查准星柱是否牢固且未损坏。

5. 检查两脚架是否正常开启。

6. 检查照门是否正常。

7. 检查氚发光器是否已安装在夜间瞄准具中，是否处于良好状态。

8. 检查附件套件是否完整，清洁可用。

IMI，加利尔5.56毫米口径突击步枪操作指南

AK-74 突击步枪（1974）

AK-74 突击步枪是 20 世纪六七十年代，突击步枪向小口径和高初速发展的重要产物。AK-74 突击步枪是一款使用新型 5.45 毫米 × 39 毫米子弹的 AK 步枪。

20 世纪 70 年代初，苏联军械专家意识到西方国家的子弹使用发生重大转变。尽管北约标准步枪弹的最初是向 7.62 毫米 × 51 毫米子弹的方向发展，但最新的弹道和战术研究就像美国 M16 军用步枪那样，开始向 5.56 毫米 × 45 毫米子弹方向发展。尽管争论还不明确，但小口径的确有很多好处：士兵可以携带更多弹药；较高初速会产生更大的毁伤效果；较小的后坐力可以提高据枪稳定性进而提升射击精准度。基于上述原因，苏联开始研究他们的 7.62 毫米 × 39 毫米标准子弹和 7.62 口径的 AKM 自动步枪。

枪机支架
枪机支架将导气活塞向后的推力传递给枪机，推动枪机旋转并向后运动。

旋转枪机
AKS-74 突击步枪采用与 AKM 自动步枪相同的导气式旋转枪机机构。

枪托
AKS-74 突击步枪与 AK-74 突击步枪的不同之处在于侧面折叠管状金属枪托，折叠时可以被锁在枪身侧面。

缩小口径

卡拉什尼科夫率领团队从 20 世纪 70 年代初开始研发苏联新式步枪。像美国人一样,苏联在保持 7.62 毫米 x 39 毫米子弹长度的同时将口径缩小。子弹的尺寸最终为 5.45 毫米 x 39 毫米,重 3.43 克,用枪管长度为 415 毫米的步枪发射,射击初速约为 900 米 / 秒。

苏联不需要重新研发使用新式子弹的武器。众所周知,AKM 自动步枪是一款性能卓越而又实用的武器,所以大家认为改造 AKM 自动步枪发射小口径子弹是最好的选择,没必要重新研发新式武器。

下图:AKS-74 突击步枪是在 AK-74 突击步枪基础上,使用折叠式枪托,以适合空降兵使用。

准星
AK-74 突击步枪的准星针对 400 米的实战射程进行了优化。

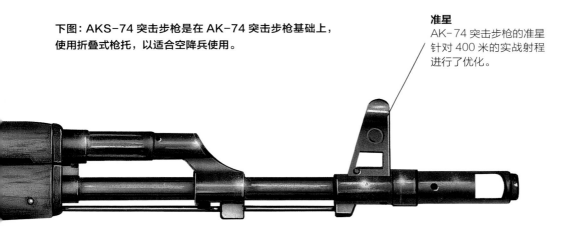

与 AKS-74 突 击 步 枪 不 同,AK-74 突击步枪最初是木制枪托,后来采用玻璃纤维。

1974 年，AK-74 突击步枪代替 AKM 自动步枪正式列装部队。本质上，它与 AKM 自动步枪没有什么区别，采用相同的设计布局和操控方式，使用 AK 枪族通用的导气式旋转枪机机构。当然，枪管和枪栓略有不同，准星和活塞也进行了必要的改进。这使得枪的技术参数发生了一些变化，射速更快，达到每分钟 650 发。5.45 毫米口径 AK-74 突击步枪后坐力特别小，为 3.39 焦耳，而 7.62 毫米 ×39 毫米 AKM 自动步枪的后坐力为 7.19 焦耳。低后坐力便于射手瞄准目标并

AKS-74U 突击步枪在 AKS-74 突击步枪的基础上使用短枪管，初速下降到约 735 米 / 秒。

在射击中及时修正，使得 AK-74 突击步枪的射击精准度更高。

机械瞄准具标定最大射程为 1000 米，实际最大有效射程为 500 米。AK-74 突击步枪是一种大威力精确武器，还可以通过侧面导轨安装光学瞄准具，它不会增加 AK-74 突击步枪的射程，但可以提高步枪捕获目标的速度，辅助步枪在有效射程内精确射击。这跟安装在英国陆军 SA80 步枪上的 SUSAT 瞄准具类似。

新型枪口消焰器可以提高步枪射击精准度和操控性能。该设备可以抑制 AK-74 突击步枪的火焰闪光，它的散热装置还可以抑制枪口的抬升和后坐。因此，AK-74 突击步枪成为操控性最好的突击步枪之一，并受到用户的普遍欢迎。

重新配置

AK-74 突击步枪的生产工艺、材料和配件都得到现代化改进。例如，弹匣最初采用棕色的玻璃纤维和聚乙烯复合材料，后来被替换成 ABS 材质。这使 AK-74 突击步枪的弹匣重量减轻了很

技术参数（AK-74）

尺　　寸	长度：930 毫米 枪管长度：400 毫米
重　　量	3.6 千克
口　　径	5.45 毫米 × 39 毫米北约标准子弹
操作方式	气动枪栓
供　　弹	30 发弹匣
初　　速	900 米 / 秒
射　　程	500 米
射　　速	650 发 / 分钟

多，装满子弹的 AKM 自动步枪弹匣重量为 0.82 千克，而同样装满子弹的 AK-74 突击步枪弹匣重量为 0.55 千克。

与 AKM 自动步枪一样，AK-74 突击步枪在多家苏联工厂授权生成，也被很多厂家仿制。AKS-74 突击步枪采用折叠枪托，供空降兵部队使用。AKS-74U 卡宾枪采用 206.5 毫米枪管，供特种部队使用，导气机构也进行了必要的改进。AK-74M 突击步枪安装了夜视光学瞄准具，采用新式折叠枪托，安装下挂式榴弹发射器。AK-74 突击步枪也为俄罗斯 AK-12 突击步枪的设计奠定了基础。与普通 AK 自动步枪一样，AK-74 突击步枪是一款世界一流的突击步枪。

AK枪族遍布全球

下图是一位手持 AK-74 突击步枪的阿富汗年轻人。阿富汗是一个深受 AK 系列武器影响的国家。AK 步枪简单耐用，目前也被公认是全球使用范围最广的枪支。冷战时代，这种步枪在苏联和东欧各国随处可见，同时也大量出售给了其他国家。这就产生了对卡拉什尼科夫武器训练、零件和弹药的依赖。苏联解体时，销售的数以百万计的 AK 步枪加剧了地区冲突和人员伤亡。据不完全统计，当时每 70 人中就有 1 人持有 AK 步枪。

黑克勒 – 科赫 P7 手枪（1976）

黑克勒 – 科赫 P7 手枪是一款真正意义上的新式手枪，专为联邦德国警察设计的。该枪采用复杂的延迟后坐机构。

20世纪70年代初期，联邦德国仍然受到慕尼黑大屠杀和恐怖主义的困扰。在当时反恐背景的影响下，联邦德国警察需要一款新的警用手枪，要求火力强大、安全可靠、便于携带（总尺寸不超过180毫米 x 130毫米 x 34毫米）、操作灵活，使用9毫米帕拉贝鲁姆子弹，使用寿命达到1万发。为了满足联邦德国警察的需求，P7手枪必须达到上述标准。

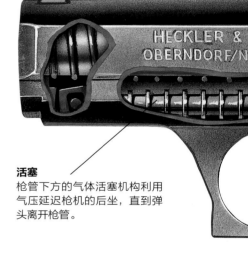

活塞
枪管下方的气体活塞机构利用气压延迟枪机的后坐，直到弹头离开枪管。

下图：H&K P7 手枪非常便于拆解和保养。

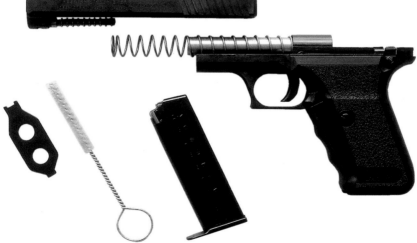

许多欧洲顶尖的军火商参加了新型手枪的竞标，德国最终选择了三款手枪——西格 P225 手枪、瓦尔特 P5 手枪和 H&KP7 手枪。

P7（现役称为 PSP）在德国新型 GSG-9 反恐部队、各特种部队以及警察部队列装。这是当时最先进的手枪。

击针
完全按下握把保险时，击针才能被扳起，然后可以击发射击。

P7 手枪比一般的反后坐武器更先进，操作更简单，可靠性更好。

子弹
普通 P7 手枪弹匣容量为 8 发。

弹匣
射手可以通过弹匣侧面的观察孔观察子弹剩余情况。

握把保险
松开握把保险，可以锁定击锤，以确保安全。

HK P7

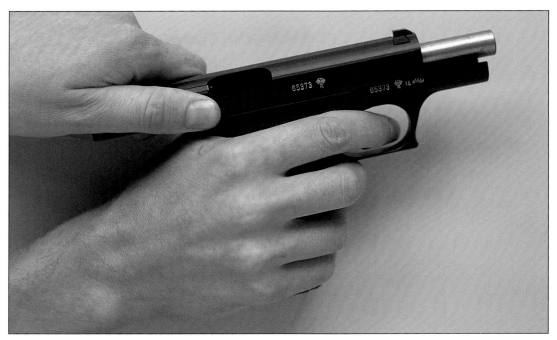

拉回 P7 手枪的滑套并释放，将子弹从弹匣推入枪膛，
压下握把保险，即可开枪射击。

气体延迟后坐

与普通手枪不同，P7 手枪枪管下方有一个小
气室，气室前部的活塞与滑套前部连接。击发后，
气体会通过枪膛前方的小口进入气室，气体给活
塞施加向前的压力会延迟滑套的后坐。但是，子
弹离开枪管后，活塞中的气体向后移动，使滑套
继续后坐，同时抽离并抛出弹壳。

P7 手枪的另一个创新点是它的保险机构。警
用手枪必须非常安全，避免在公共场所意外走火，
警察还要能够迅速拔枪射击，无需复杂的装弹或
待击发动作。为了解决这些问题，P7 手枪在握把
前面安装了一个握把保险。

紧握握把保险，扣动扳机就会击发子弹，这
是标准的单发射击模式；松开握把保险，手枪即
处于保险状态，击针回到非待击位置，扳机与击

针分离。该机构非常安全，P7 手枪没有额外装配
其他安全装置。

技术参数（P7M8）

尺　　寸：	长度：171 毫米 枪管长度：105 毫米
重　　量：	0.8 千克
口　　径：	9 毫米帕拉贝鲁姆子弹
操 作 方 式：	气体延迟后坐
供　　弹：	8 发弹匣
初　　速：	350 米 / 秒
射　　程：	50 米
射　　速：	一

衍生枪型

P7 手枪是一款小型手枪，标准 PSP 手枪长度仅为 171 毫米，但它的每一个细节都彰显了品质，包括适合左右开弓的控制装置和便于双手握枪而扩大的扳机护圈。不足之处是使用 8 发弹匣，子弹容量低于大多数现代手枪。P7 手枪生产了多种型号以满足国内外市场不同客户的需要。

P7M13 手枪口径为 9 毫米，双排弹匣可以容纳 13 发子弹。P7M13SD 手枪可以安装消声器，原计划销售给美国特种部队，但未成功。针对美国市场研发的 P7M10 手枪于 1991 年定型，放弃 9 毫米帕拉贝鲁姆子弹，使用 0.4 英寸 S&W 子弹，弹匣容量为 10 发。P7M7 手枪使用 0.45 英寸 ACP 大威力子弹，弹匣容量为 7 发。该手枪还可以通过转换套件发射 0.22 英寸 LR 子弹，甚至是老式 7.65 毫米口径子弹。

P7M8 手枪除了口径以外，枪支结构也进行了改进，把弹匣释放按钮从手柄后部移到扳机护板的正下方。将扳机护罩安装在合成隔热板上解决了枪支散热问题。枪身热量主要来自气室里的推进气体，直接后坐手枪可以避免这个问题。

P7 手枪的衍生枪型并不是都在产，因为这些枪型很难在竞争激烈的市场中争得一席之地。P7 手枪仍在德国、卢森堡、墨西哥、挪威和美国等国家被用作执法武器。

手枪握把

与步枪相比，手枪的稳定性和精准性要差很多。因此，需要进行大量的训练和摸索，通过正确的握枪姿势来提高命中率。在执法训练中，除非战术需要，很少使用单手射击。提倡双手握枪的原因主要包括三点：一是可以加大手与枪之间的摩擦力；二是可以减小枪的后坐运动；三是可以提高据枪的稳定性。在典型的"拇指前伸"双手握枪姿势中，以右手握枪为例，右手要尽可能握高，左手环绕右手，食指在扳机护圈正下方，拇指紧贴枪架底部。这样握枪非常稳定，可以有效控制两次射击之间后坐力作用下的枪身晃动。

斯太尔 AUG 突击步枪（1977）

斯太尔 AUG 突击步枪看上去古怪而笨拙。然而，斯太尔 AUG 实际上是一支性能出色的攻击性武器，精准、坚固，使用方便，稳定性好。

"AUG"是通用陆军步枪的简称，蕴含着该武器在 20 世纪 60 年代末进入研发阶段时的期望。奥地利斯太尔公司试图打破常规生产一款 5.56 毫米口径步枪，来代替 FN FAL 步枪。经过全面测试，这款新式步枪于 1977 年被奥地利军队作为制式步枪列装部队。它以优良的战术性能受到很多国家的欢迎，包括澳大利亚、奥地利、新西兰、阿曼、马来西亚、沙特阿拉伯和爱尔兰。这些买家都保留了 AUG 突击步枪的基本结构，该枪采用模块化设计，几分钟内就可以实现不同的枪支功能和用途。

枪管
枪管装有三开口式消焰器，枪口可安装各种型号的北约标准枪榴弹。

AUG 突击步枪的外观与众不同。仔细研究可以发现，该枪重心靠后，大部分重量可以直接抵到射手的肩膀上。

前握把
前握把有助于稳定据枪，并便于更换枪管。

上图：斯太尔 AUG A1 突击步枪的枪管一般是橄榄绿或黑色，枪管长 407 毫米。

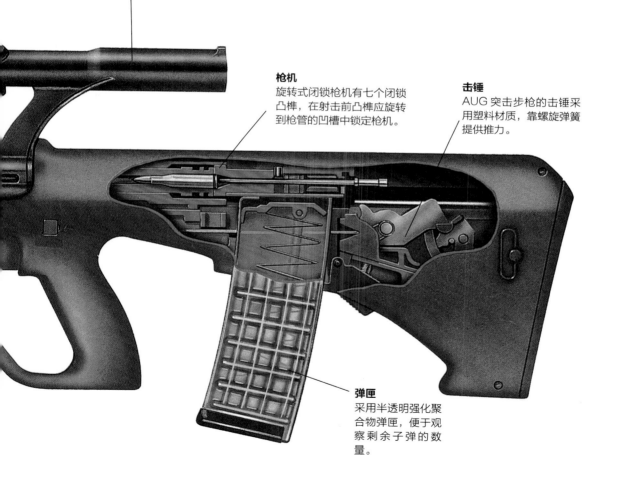

一体化瞄准具
提手和光学瞄准具采用一体化设计，并配有备用机械瞄准具。

枪机
旋转式闭锁枪机有七个闭锁凸榫，在射击前凸榫应旋转到枪管的凹槽中锁定枪机。

击锤
AUG 突击步枪的击锤采用塑料材质，靠螺旋弹簧提供推力。

弹匣
采用半透明强化聚合物弹匣，便于观察剩余子弹的数量。

一名携带斯太尔 AUG 突击步枪的奥地利士兵展示了高位光学瞄准具的便捷性，当射手以卧姿射击时，瞄准具与眼睛自然成一线。

无枪托设计

　　AUG 突击步枪采用无枪托设计，操作机构和弹匣位于扳机后方，在保证枪管长度的同时，枪身尺寸更加紧凑，枪的重心更靠近射手的肩膀。它采用导气式旋转枪机，枪机通过七个闭锁凸榫锁定在枪管里。

技术参数

尺　　寸	长度：790 毫米 枪管长度：508 毫米
重　　量	3.6 千克
口　　径	5.56 毫米 ×45 毫米北约标准子弹
操作方式	导气式
供　　弹	30 发或 42 发弹匣
初　　速	970 米 / 秒
射　　程	300 米
射　　速	650 发 / 分钟

　　枪机支架的特点是有两个导杆分别在两个缸内滑动，一个是导气缸，另一个复进弹簧缸。此外，AUG 突击步枪与标准的导气式布局完全相同，具有极高的可靠性。枪机还有一个向前的辅助装置便于子弹上膛后密封枪膛。

　　AUG 突击步枪的各个部件都有创新。机匣顶部铸有一体式提把，标配 1.5 倍伸缩式光学瞄准具，顶部还装有备用机械瞄准具。光学瞄准具有一个黑色环形标线，可在 300 米距离内圈住一个身高 1.8 米的人，可以帮助射手准确测距。

　　枪管系统由枪管、导气孔、导气室和折叠前握把组成。枪管通过丝扣固定在机匣上，枪管系统允许 AUG 步枪更换不同枪管来改变用途和枪型。

　　AUG 突击步枪有很多零部件采用坚硬的复合材料制造。枪托采用玻璃纤维复合材料，枪托和瞄准具可以根据射手习惯配置为左手或右手操作。弹匣由透明合成塑料制成，便于观察剩余子弹数量。扳机机构的大部分零部件包括击锤在内都采用合成塑料制造。

根据型号不同，AUG 突击步枪可以提供半自动、全自动和三连发点射的三种射击模式。在提供半自动或全自动射击制式步枪中，射击类型由扳机控制，扳机扣到一半是半自动单发射击，扳机扣到底是全自动连发射击。

模块化设计

显而易见，AUG 突击步枪的每一个细节都是精心设计的。各种测试、试验和战斗检验证明该枪设计精良、功能完备，必将成为市场上最好的突击步枪之一。AUG 突击步枪的枪身刚度达到 AK 步枪的标准。

所有的毁灭性测试都没有损坏 AUG 突击步枪。AUG 突击步枪采用模块化设计，可以通过配置不同的模块转变为不同枪型，实现各种功能。标准步枪的主要型号包括逐步更新的 A0、A1、A2 和 A3 型号。A3 步枪看上去与最初的步枪完全不同。机匣上有一个皮卡汀尼战术导轨，可以安装光学瞄准具、战术照明灯和支架。AUG 突击步枪装有空仓挂机装置，更换弹匣后必须再次拉动枪机拉柄释放枪机。

除突击步枪外，AUG 枪族还包括采用重枪管的轻型和中型机枪、狙击步枪、9 毫米口径冲锋枪，还有安装 M203 下挂式榴弹发射器的枪型等，这里不一一列举。由于一些政治原因和国际协议的影响，该枪在国际市场上没有取得巨大成功，但 AUG 突击步枪的品质决定了它永远是一个强有力的竞争者。

基本射击方法

无论使用哪种步枪，士兵大都接受了 4 个基本的射击训练：

1. 稳定姿势。射手应该放松，将枪托牢牢抵在肩窝，脸颊和枪托自然贴合，脖颈不要紧张，尽量保持身体稳定。

2. 瞄准。瞄准具像必须清晰，每次射击要保持一致，身体、步枪、目标保持三点一线。

3. 控制呼吸。士兵应该在喘息间隙（或者短暂屏住呼吸）快速射击目标。

4. 控制击发。扣动扳机要稳定用力，击发要干净利落，而且要始终瞄准目标。

法玛斯自动步枪（1978）

法玛斯自动步枪同斯太尔 AUG 突击步枪和英国 SA80 突击步枪一起，被誉为第二次世界大战后最成功的无枪托设计。自 20 世纪 70 年代后期，它被法国军队称为"军号"，在许多战斗中发挥了重要作用。

法玛斯步枪是第二次世界大战后法国研发的轻型自动步枪，由法国圣艾蒂安兵工厂生产。法国无枪托步枪的设计实验可以追溯到 20 世纪 40 年代，但法玛斯自动步枪的研发计划直到 1967 年才在保罗·泰利埃将军领导下开始实施。20 世纪 70 年代初期，开始测试原型，但法国临时采购 SIG SG 540 步枪，导致法玛斯自动步枪作为制式装备列装法国陆军推迟到了 1978 年。

独特设计

显而易见，法玛斯自动步枪采用无枪托设计，枪机和弹匣位于扳机后方。虽然这种设计使枪支的结构布局更加复杂，但是可以在保证枪管长度的情况下缩短枪身长度。

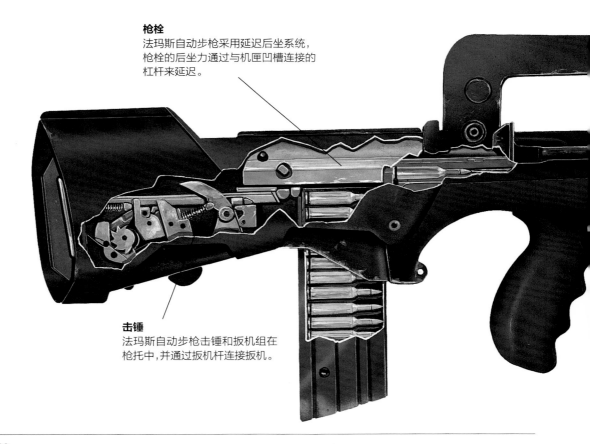

枪栓
法玛斯自动步枪采用延迟后坐系统，枪栓的后坐力通过与机匣凹槽连接的杠杆来延迟。

击锤
法玛斯自动步枪击锤和扳机组在枪托中，并通过扳机杆连接扳机。

M16A2 自动步枪的总长度为 1006 毫米，枪管长度为 508 毫米。相比之下，法玛斯自动步枪的总长度仅为 757 毫米，但枪管长度为 488 毫米，与 M16 自动步枪几乎没有太大差别。由于法玛斯自动步枪也可以发射 5.56 毫米 x 45 毫米北约标准子弹，这两种步枪的战术性能几乎相同。

但是，法玛斯自动步枪的内部设计与 M16 自动步枪不同。它采用延迟反后坐原理，采用的杠杆延迟后坐系统由匈牙利工程师保罗·德·基拉利在 20 世纪 30 年代发明，并曾成功运用到法国 AAT 机枪上。泰利埃将军针对法玛斯自动步枪对该延迟后坐系统进行了升级。枪机由较轻的枪机头和较重的枪机托架组成，两者之间的杠杆机构可以延迟枪机后坐，直到子弹离开枪膛。

从人体工程学的角度，法玛斯自动步枪枪身由塑料制成，机匣顶部有一个长提把。步枪标配的机械瞄具安装在提把上，包括准星和照门，照门配有氚光夜视装置。

提把
与 M16 自动步枪和 AUG 突击步枪一样，法玛斯自动步枪标配的机械瞄准具安装在提把上。

枪管
法玛斯自动步枪枪管长 488 毫米，采用三条右旋膛线。

射击模式开关
射击模式开关有三档：保险、半自动射击和全自动射击。

法玛斯自动步枪的重心在枪身后部，便于迅速地据枪瞄准。

枪机拉柄在提把下方，左右手都可以灵活操作。另一个灵巧的设计就是抛壳。法玛斯枪身两侧有两个对称的抛壳口。通常左侧的抛壳口会盖上一个塑料护盖，需要左侧抛壳时，将护盖盖到右侧抛壳口，同时将拉壳钩移到左侧即可，调整过程只需要几分钟。

法玛斯自动步枪可以选择射击模式。选择开

2011 年，在法国新喀里多尼亚的普拉姆基地，一名美国海军陆战队第三团第二营的士兵在用法玛斯突击步枪射击。

关位于扳机护圈内扳机正前方，有三个选择位置，保险、半自动射击和全自动射击。在机匣下方、弹匣后面，还有另一个射击模式选择开关，可将全自动连发模式改为三连发点射模式。

法玛斯自动步枪机匣前部装有一体式脚架，可以提高射击的稳定性。该枪射速为每分钟 900 发到 1000 发，在现代步枪中射速基本是最高的，大多数步枪射速在每分钟 650 发左右。最初的型号 F1 步枪，采用 25 发弹匣供弹。

1994 年研发的法玛斯自动步枪改进款型号为 G2。G2 实际上是在 G1 临时改进型步枪的基础上生产的。G2 主要进行了如下改进：使用 M16 自动步枪用的北约标准子弹，采用 30 发斯坦纳格弹匣，为了便于射手戴手套射击，扩大了扳机护圈，枪身采用更耐用的玻璃纤维材料，口径调整为 5.56 毫米，枪膛更加紧凑。

技术参数

尺 寸	长度：757 毫米	
	枪管长度：488 毫米	
重 量	3.61 千克	
口 径	5.56 毫米 × 45 毫米北约标准子弹	
操作方式	延迟后坐	
供 弹	25 发或 30 发弹匣	
初 速	960 米 / 秒	
射 程	300 米	
射 速	900 ~ 1000 发 / 分钟	

争议

法玛斯自动步枪的可靠性极具争议。一些权威人士认为，法玛斯自动步枪是一款非常可靠的武器，经历了各种复杂战斗条件下的考验和测试。然而，也有很多人持反对意见。反对意见大多是针对法国制式装备法玛斯 F1 步枪，而不是改良后的 G2 步枪。

负面评论主要围绕两个方面：延迟后坐装置和枪管膛线。延迟后坐装置的问题主要表现在步枪抛壳机构会损坏 5.56 毫米黄铜北约标准子弹，造成卡壳。法国人不得不放弃北约标准子弹而使用钢制子弹。此外，法玛斯自动步枪只有三条膛线，不像大多数长管步枪那样采用五条或六条膛线，这严重影响了子弹的飞行稳定性和射击精准度。

关于法玛斯自动步枪的争论来自两个极端。法国人希望用一款布局更加合理、采用模块化设计的新式步枪来取代法玛斯自动步枪。市场上有许多类似的步枪可供选择，比如 FN SCAR 突击步枪、HK 416 自动步枪、SIG 550 突击步枪和 AUG 突击步枪等。问世 40 多年后，法玛斯自动步枪时代终将成为历史。

现代刺刀

一些现代步枪，包括法国外籍军团士兵使用的法玛斯自动步枪，仍保留刺刀。法玛斯自动步枪的刺刀是在 M1949/56 旧式刺刀基础上，配备了新的塑料刀鞘和枪带挂钩。刺刀安装在枪口上方。其他军队的刺刀具备更多的实用功能，例如 AK 自动步枪的刺刀可以与其刀鞘组成剪线钳。英国 SA80 步枪的刺刀也具有剪线功能。刀鞘还带有小锯和磨刀石。在现代战争中，刺刀很少用于战斗，更多用于其他实用功能。

SA80 突击步枪（1985）

SA80 突击步枪一直深陷争议和政治泥潭。起初，它并不是英国军队制式武器，但经过一次重大的升级，它逐渐赢得了尊重。

英国人对无托枪支的构想始于 20 世纪 40 年代末，当时英国皇家轻武器生产商恩菲尔德研制出前景看好的 7 毫米口径 EM-2 自动步枪。虽然由于北约标准子弹使这种武器止步于原型阶段，但是 20 世纪 70 年代，英国武器工程师重新审视了无托结构理念，研究用 5.56 毫米口径步枪替代现役的 L1A1 战斗步枪。经过漫长而复杂的研发

和测试，最终在 1985 年，一款新型步枪诞生并且装备英国军队。它被称为 L85A1 突击步枪或 SA80 突击步枪，衍生型号有枪管更长的 L86A1 轻型支援武器。对于一直使用 7.62 毫米口径大威力 L1A1 步枪的英国士兵来说，这款新式武器是一个重大的改变。

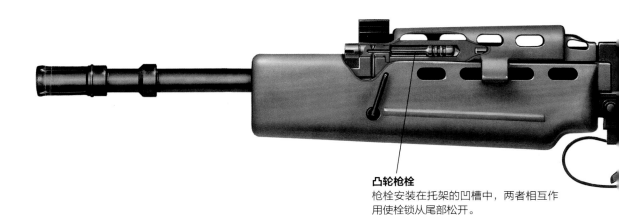

凸轮枪栓
枪栓安装在托架的凹槽中，两者相互作用使栓锁从尾部松开。

对于习惯了 L1A1 SLR 步枪长度、重量和火力性能的英国士兵来说，L85A1 是一个全新的开始。

上图：为装甲车乘员设计的 L22A1 卡宾枪是 SA80 狙击步枪的一个缩短版，前端的下护木被垂直手柄替代。

SUSAT 光学瞄准具
SUSAT 光学瞄准具放大倍率为 4 倍，由内置的 Trilux 灯提供照明。

导气管
导气管位于枪管的上方，来自枪管的气体进入导气管，驱动活塞杆、枪栓架和枪栓退回。

复进弹簧
复进弹簧沿着枪托的顶部运行，使后坐力与射手的肩膀在一条直线上。

L85A2 突击步枪是黑克勒－科赫公司进行的一次重要升级，可靠性得到了明显改善。

SA80 突击步枪与 L1A1 步枪完全不同。SA80 使用 5.56 毫米 x 45 毫米北约标准子弹，采用无托结构和导气式旋转枪机。与 L1A1 步枪相比，SA80 要短很多，全长只有 785 毫米，使用容量为 30 发的可拆卸弹匣，弹匣位于扳机后面。射速高达每分钟 800 发，具有三种射击模式——保险、半自动和全自动。此外，该型步枪装有一个气体调节器，有三种模式：正常条件、不利条件和榴弹发射。由于采用小口径和"直线"设计的无托结构，SA80 的后坐力非常小，射手很容易瞄准目标。

SA80 突击步枪一个显著特点是配备了

SUSAT 光学瞄准具。这种瞄准具具有 4 倍的放大倍率和一个发光的瞄准指针，能够快速准确捕获目标，是一种非常好的瞄准具。加上步枪极小的后坐力，SUSAT 光学瞄准具使 SA80 成为目前最精准的突击步枪之一。应该注意的是，SA80 也配备了由准星与觇孔组成的机械瞄准具。

理论上，SA80 性能非常优异，现实中却缺乏可靠性。这些问题层出不穷，塑料容易断裂；如果弹匣释放装置受到撞击，弹匣就会掉出来且易损坏；枪机跳动可能导致卡壳；控制装置不灵活；击针容易断裂。在 1990 年到 1991 年的海湾战争中，SA80 突击步枪的问题尤为突出，英国士兵在中东恶劣的环境中遇到了危及生命的故障。战后的一份报告指出，SA80 突击步枪存在 50 多项技术问题。很明显，还需要对 SA80 进行大幅改进。

H&K升级

关于如何使用 SA80 突击步枪的争论一直持续到 20 世纪 90 年代，2000 年黑克勒－科赫公司承担了该步枪的重大改进项目，以使其成为长期服役且性能可靠的武器。黑克勒－科赫公司对 SA80 进行了彻底改造，全面提高其可靠性，并

技术参数（SA80A1）

尺 寸	长度：785 毫米
	枪管长度：518 毫米
重 量	4.98 千克
口 径	5.56 毫米 x 45 毫米北约标准子弹
操作方式	导气式
供 弹	30 发弹匣供弹
初 速	940 米／秒
射 程	300 米
射 速	650～800 发／分钟

在各种气候条件下进行测试。L85A2 突击步枪（SA80A2）至今仍是英军的制式步枪。与 SA80 相比，SA80A2 进行了重大改进。在各种恶劣条件下的试验中，该步枪在平均无故障间隔期方面的表现比当时世界上最流行的突击步枪更好。

SA80 步枪并不是该系列中唯一一款在服役期间中遇到问题的枪支，之前提到的 LA681 LSW 在实战中也遇到许多问题。LA681 LSW 以 SA80 为基础，更换了一个加长枪管（以提高射击初速和精准度）、一个整体式枪架和一个握把，以提高射击稳定性。它原本作为轻机枪装备英军，因无法快速更换枪管，导致枪支因持续射击而温度过高。其实，它主要用作半自动狙击步枪。后来，半自动狙击步枪这一角色被 7.62 毫米口径 L129A1 取代，轻机枪这一角色被 L110A2 替代。SA80 也有卡宾枪版本的 L22 枪型。卡宾枪配有 318 毫米长的枪管，全枪总长为 585 毫米。

尽管遇到一系列问题，SA80 突击步枪似乎已经获得了不错的声誉。毫无疑问，阿富汗战争期间的大规模升级帮助其进一步赢得了声誉。

在阿富汗战争中改进

英军在阿富汗战争中对 SA80A2 进行了大量改进，改进后的型号是 SA80A2 TES。前端更换为皮卡汀尼导轨，导轨上安装了一个在近战中可快速持枪的垂直前握把。导轨上可以安装激光瞄准具、战术照明灯、L123A3 下挂式榴弹发射器和战术装备。钢制弹匣更换为更轻、硬度更高的 EMAG 聚合物弹匣，通过观察窗，士兵可以直接观察子弹剩余情况。最重要的是，SUSAT 光学瞄准具被更先进的光学系统替代，如 ACOG 4 倍光学瞄准具和 ELCAN Specter 4 倍光学瞄准具，这种带有护壳的反射式红点瞄准具更能提升武器的近战能力。

巴雷特 M82A1 狙击步枪（1989）

巴雷特 M82A1 狙击步枪是一支能够用 0.50 英寸口径大威力勃朗宁子弹摧毁一英里外汽车发动机的步枪，它在狙击步枪领域树立了一个令人敬畏的标准。

巴雷特狙击步枪以美国发明家罗尼·巴雷特及其企业——巴雷特武器制造公司的名字命名。20 世纪 80 年代初，巴雷特产生了一个独特的设想——研发一种具有超常射程和威力的狙击步枪，使用 0.50 英寸口径大威力勃朗宁机枪子弹，这种子弹也用于勃朗宁 M2HB 重机枪。

研发这种新武器并非没有先例。考虑到这种步枪本质上是一种反坦克武器，而不是杀伤性武器（对于脆弱的人类目标来说，勃朗宁 0.50 英寸机枪弹的威力是毫无必要的），巴雷特可以借鉴以往几代反坦克武器。这些步枪大都采用栓动机构（除了苏联 14.5 毫米口径 PTRS-41 狙击步枪），但是巴雷特的定位是半自动步枪。

金属瞄准具
除了光学瞄准具之外，巴雷特还有一个观瞄范围在 100 米至 1500 米的备用瞄准具，调整间隔为 100 米。

枪托
枪托与枪身为一体式结构，非常坚固。

上图：巴雷特 M82A1 狙击步枪架在前端两脚架上。巴雷特的 0.416 英寸口径版本采用一个不可拆卸弹匣。

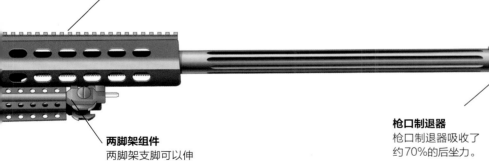

战术导轨
战术导轨延伸至整个机匣的长度，可以安装多种类型的光学瞄准具和夜视仪。

两脚架组件
两脚架支脚可以伸缩，必要时可从枪身上卸下。

枪口制退器
枪口制退器吸收了约70%的后坐力。

上图：巴雷特 M82A1M 是美军装备的最新版本。皮卡汀尼战术导轨可安装各种类型的瞄准具和战术装备。

范围和功率

　　仅从尺寸和外观来看，最终的军用型巴雷特M82A1 狙击步枪，与其他狙击步枪完全不同。第一款型号是 1982 年的 M82，1986 年改进为M82A1。M82A1 狙击步枪重 14.7 千克，总长1549 毫米。整体呈管状，给人以十分坚固的印象。巴雷特选择了短后坐旋转枪机机构来发射大

2005 年，美国陆军 101 空降师 502 步兵团布拉沃连的一名狙击手在巴格达郊外执行警戒任务。

威力子弹。射击时，枪管和枪机一起后坐，共同运动 25 毫米后，枪机会通过枪栓中的一根杆与机匣中的一个弯曲凸轮啮合而解锁。接下来，复进机构会继续推动枪机从部分后坐阶段进入完全后坐阶段，然后复位，在复位过程中从弹匣中取出下一发子弹推入枪膛。它采用容量为 11 发的弹匣供弹。

　　对巴雷特狙击步枪的两大挑战来自射击精准度以及对后坐力的控制。对于提高射击精准度，M82A1 狙击步枪通常采用刘波尔特 M 系列的 10倍光学瞄准具，新款 M82A1M 狙击步枪（美国海军陆战队术语中的 M82A3）的枪身顶部有一个皮卡汀尼战术导轨，可以安装各种不同类型的瞄准具。凭借良好的视野，训练有素的射手可以瞄准 1800 米以外的目标，官方最大射程为 4000米，大威力子弹在飞行过程中仍具有强大的动能。射手需要依靠可拆卸两脚架来保持据枪稳定。

技术参数

尺　　寸	长度：1549 毫米 枪管长度：838 毫米
重　　量	14.7 千克
口　　径	0.50 英寸勃朗宁子弹
操作方式	短行程后坐
供　　弹	11 发弹匣
初　　速	843 米 / 秒
射　　程	1800 米
射　　速	—

为了解决后坐力问题，巴雷特狙击步枪通过复进弹簧和标准后坐力垫来控制。此外，枪管前部还装有高效的大尺寸枪口制退器，将大部分气体引到侧面，剩余气体引到后侧，使枪口产生向前的推力，从而抵消部分后坐力。

M82A1 狙击步枪于 1989 年开始装备美军。美国陆军使用的型号为 M107，改进了后握把和战术导轨，在枪管尾部还采用了单臂架。其他型号的巴雷特包括无托式 M82A2，更轻、更紧凑。虽然 M82A2 的市场销售并不好，该公司仍然生产无托巴雷特狙击步枪，称之为 95 式。此外，一种 0.416 英寸口径的巴雷特狙击步枪栓动衍生枪型称为 99 式，还有一种短管版的 M107 狙击步枪型号 M81A1 CQ。

巴雷特 82 狙击步枪非常成功，大量销往 30 多个国家，包括军队、特警和普通用户。用户都认为，巴雷特狙击步枪具有惊人的威力和强大的杀伤力。

反坦克步枪

巴雷特狙击步枪主要是作为反坦克武器使用。子弹的尺寸和威力更适合摧毁车辆、飞机和船只的发动机、雷达、通信设备等目标，这些都是靠一发子弹，而不是一枚昂贵的导弹。它也经常被用来摧毁敌人的掩体，比如砖墙。0.50 英寸口径子弹产生的能量是 0.30 英寸口径子弹的 4 倍，而且大威力子弹在飞行过程中仍具有较大的动能。此外，子弹的类型也会影响命中率。巴雷特狙击步枪用户更喜欢使用 MK211 穿甲燃烧弹。弹壳内装钨合金穿甲弹芯和少量高能混合炸药。这使子弹具有穿透装甲的能力，并具备二次毁伤的潜力。

M4 卡宾枪（1994）

在很多情况下，M4 卡宾枪已经取代了 M16A2 成为美军制式步枪。尽管有争议，但据美军调查发现，超过 90% 的使用者对 M4 卡宾枪感到满意。

虽然卡宾枪与标准步枪相比弹道性能较差，但是卡宾枪仍然很受前线士兵的欢迎。普通人不会整天随身携带武器，而对于士兵来说，枪支的便携性和轻量化是需要首先考虑的重要因素，卡宾枪则具备这两个特征。此外，卡宾枪非常适合 200 米射程以内的战斗，因为使用卡宾枪可以迅速地瞄准掩体附近短暂出现的目标。

M4 卡宾枪的发展开始于越南战争时期，当时 M16 步枪正逐步取代 M14 步枪。除常规步枪外，柯尔特公司还开发了较短的 CAR-15 系列，目的是生产一种模块化武器系统，与尤金·斯托纳开发的武器系统抗衡。在衍生枪型 XM177 突击步枪上，枪管长度缩短到 254 毫米，增加了消焰器来抑制枪口火焰。这种突击步枪曾装备美国

安装 M203 榴弹发射器的 M4 卡宾枪。M4 卡宾枪是一个模块化武器系统，可以安装前握把、手柄、各种瞄准具和光学夜视仪。

枪托
可调整枪托伸缩杆的长度。

旋转枪机
M4 卡宾枪与 M16A2 步枪使用相同的旋转枪机系统。

一支装有 M68 近战光学瞄准具的 M4 卡宾枪。这是由电池供电的红点瞄准具，防水深度 25 米。

皮卡汀尼战术导轨
前端的皮卡汀尼战术导轨可以安装战术装备和垂直握把。

消焰器
M4 卡宾枪往往会产生过多的枪口火焰，可通过安装消焰器抑制枪口火焰。

M203 榴弹发射器
M203 是一种单发 40 毫米口径榴弹发射器，有效射程为 150 米。

驻越南特种部队，到 20 世纪 80 年代，柯尔特开始研制一种更为实用的型号，以满足更多的需求。这就是 1994 年被美国陆军命名为 M4 卡宾枪的 XM4，以取代 M16A2 自动步枪。M4 已经成为美军装备最多的枪支，美国海军陆战队采购了数万支，主要用于军官和特种部队，其正规步兵基本上还在使用 M16A4 自动步枪。值得注意

2010 年，在伊拉克的美军士兵手持 M4 卡宾枪。左边士兵的卡宾枪前端装有可见光 / 红外线目标指示器、战术照明灯和瞄准照明灯。

的是，从 2004 年起美军就取得了这一设计的所有权，这意味着美国军方可以自由选择制造商来生产。

通用设计

M4 卡宾枪本质上是 M16A2 步枪的缩短版，约有 80% 的零件可以通用，采用相同的导气式旋转枪机结构。与 M16A2 最大的区别是枪身长度。通过调节伸缩枪托的长度，全枪总长可由 840 毫米减至 760 毫米。枪身长度的减少主要是将 M16A2 的 508 毫米长的枪管缩短到 368 毫米。将战术导轨适配系统安装到卡宾枪上，可将其转换为 M4 模块化武器系统，可安装各种附加配件，包括下挂的 M203 榴弹发射器、战术前握把、激光瞄准具、光学瞄准具、夜视装置和反射瞄准具。灵活的 M4 卡宾枪可以转化为非常复杂的武器系统。

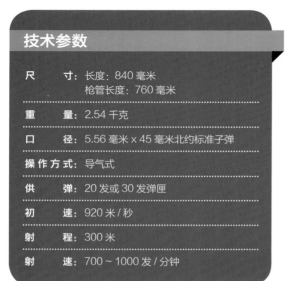

技术参数

尺 寸	长度：840 毫米 枪管长度：760 毫米
重 量	2.54 千克
口 径	5.56 毫米 x 45 毫米北约标准子弹
操作方式	导气式
供 弹	20 发或 30 发弹匣
初 速	920 米 / 秒
射 程	300 米
射 速	700 ~ 1000 发 / 分钟

M4 卡宾枪主要有两个型号——M4 基本型和 M4A1 改进型。M4 有三种射击模式：保险、半自动和三连发点射，而 M4A1 已经用全自动模式取代了三连发点射。目前，M4A1 基本装备特种部队，它在近战中的强大火力受到特种部队的欢迎。不仅如此，它也开始被正规部队关注，并在阿富汗战争中展示了全自动火力的价值。

不足之处

M4 已被美国军方完全接受，并有望在未来继续使用。然而，这种武器也有争议。一些士兵认为，M4 的短枪管导致有效射程降至 200 米左右，并且减弱了 M16 的强大末端弹道效应。但是，作为一种实用的战斗武器，M4 证明了自身的价值。

近战突击步枪

美国海军陆战队远征军第 24 爆破分队的一名海军陆战员使用 M4A1 近战突击步枪射击。该枪支是为美国海军特种部队开发的能在舰艇上或类似行动中使用的紧凑型武器。枪管长度为 260 毫米，大幅缩短了步枪前部的长度。结果是，全枪总长仅为 679 毫米。尽管如此，该型步枪仍然能安装各种瞄准具和战术装备，例如激光瞄准模块和战术照明灯。

黑克勒－科赫 G36 自动步枪（1995）

黑克勒－科赫 G36 自动步枪体现了结构化模块化设计理念。借助可选的战术装备，G36 可以在几秒内切换功能。

20 世纪 70 年代，联邦德国国防军开始认真考虑用什么步枪来取代 G3 步枪。G3 作为 7.62 毫米口径战斗步枪，曾很好地为德军服务，似乎能与联邦德国新一代 5.56 毫米口径步枪和苏联 5.45 毫米口径步枪并驾齐驱。一段时期内，其研发重点是 G11 步枪，发射 4.7 毫米无壳弹药，然而该项目在 20 世纪 90 年代初失败了。与之相反，

黑克勒－科赫公司采用了不同方案，被称为"50 项目"。G36 自动步枪就是该方案的最终产品，于 1995 年投入生产，成为德军新的制式步枪。

传统与创新

G36 自动步枪使用 5.56 毫米 x 45 毫米北约标准子弹，采用 M16 所使用的导气式旋转枪机机

枪管
自由浮动式枪管，内层镀铬，有六条膛线。

聚合物
枪身主要构件采用聚合物材料，非常耐用，重量比钢制件轻很多。

G36 的枪机拉柄位于手持提把的下方，可以根据射手的喜好安装在枪的左 / 右侧。

构。与M16不同，G36自动步枪没有使用导气方式，而是选择了自调节弹簧缓冲短行程气体活塞。该系统实际是从阿玛莱特 AR-18 步枪枪机系统改进而来的。

由于口径、枪管长度（480毫米）以及弹匣等原因，G36自动步枪的性能与M16非常相似，射击初速为每秒920米，有效射程可达800米。

然而，G36自动步枪的外观与M16大不相同，这就是创新之处。例如，G36自动步枪的零部件大量采用强化聚合物。机匣也大量使用这种材料，必要时采用钢制嵌件。机匣顶部是一个提把，光学瞄准具可以安装在提把上。

德军选择了 ZF 3x4° 双光学瞄准具作为标准配置，包括两个单元，远距离射击时，采用一

瞄准具
光学瞄准具可以安装一个可拆卸的红点瞄准具，用于近距离射击。

枪托
折叠枪托铰接在枪身上，可沿枪身右侧折叠。

弹匣
30发弹匣由半透明塑料制成，也可使用M16标准弹匣。

2001 年，一名德国士兵在科索沃使用 H&K G36 自动步枪射击。注意他如何在瞄准具和反射瞄准具之间快速切换瞄准。

个 3 倍光学瞄准具，十字线刻度以 200 米为一个单位，从 200 米到 800 米递增，带有子弹下落补偿标记。在该瞄准具的最上方是一个等倍的反射瞄准具，设置为 100m 范围，该瞄准具在夜间自动发光。尽管所有型号都可以在提把上安装亨索尔特 NSA80 第三代微光夜视瞄准具，但出口型 G36 只标配一个 1.5 倍光学瞄准具，没有反射瞄准具。枪托可沿机匣右侧折叠。

G36 是一款非常精准的步枪，尤其是采用自由浮动枪管。该枪可采用两种弹匣供弹。30 发弹匣由半透明聚合物制成，射手可以随时观察子弹剩余数量。弹匣上的卡子可以将两个弹匣连接在一起，以便快速更换，还有一个 100 发的弹鼓，主要用于 MG36 轻机枪。G36 的设计便于维护，在不需要任何工具的情况下就可以对枪支进行分解，能够进行模块化改装，击发单元被设计成一个独立的组件，射击模式切换非常简单。有三种射击模式可选择：半自动、全自动和点射（两发

或三发），还可以安装 G36 40 毫米口径下挂式榴弹发射器。

卡宾枪和机枪

G36 并不容易识别。模块化设计加上安装在战术导轨上的可选装备极大地改变了步枪的外观，同时还有几个重要的衍生型号。MG36 是一种轻

技术参数

尺　　寸：	长度：枪托打开 999 毫米 枪托折叠 758 毫米 枪管长度：480 毫米
重　　量：	3.63 千克
口　　径：	5.45 毫米 × 45 毫米 北约标准子弹
操作方式：	导气式
供　　弹：	30 发弹匣或 100 发弹鼓
初　　速：	920 米 / 秒
射　　程：	800 米·
射　　速：	750/ 分钟

机枪，配有重枪管和可拆卸双脚架。相比之下，卡宾枪有 G36K 和 G36C 两款类型，后者基本上是前者的短款。同时，G36A2 也是一个升级版，装有红点瞄准具（而不是综合反射瞄准具），四个皮卡汀尼战术导轨和一个垂直前握把，还有一个激光灯模块的操作开关。

G36 自动步枪在全世界广泛应用。它以出色的射击特性和符合人体工程学的设计，引起军事和执法用户的关注。

G36的使用者

装备 G36 步枪的西班牙特种部队正在进行战伤救护训练。G36 步枪已被 30 多个国家采用，用户从不同角度肯定枪支本身的灵活性。例如，在西班牙，G36 是陆军、海军、空军和特种部队的制式武器。其他军事用户还包括克罗地亚、拉脱维亚、马来西亚、葡萄牙、泰国和乌拉圭。G36 在执法界同样受到欢迎，尤其是卡宾枪便于携带和上下警车，也配备给特警队使用。英国许多警察使用 G36K 和 G36C，还被警察局特种枪支司令部使用。另外，英国特别空勤团有时也使用这种武器。在澳大利亚和芬兰也能看到 G36 的身影。

QBZ-03 式自动步枪（2003）

QBZ-03 式自动步枪是中国轻武器库的新成员，反映了从 56 式冲锋枪向现代突击步枪的转变。

中国制式军用步枪的发展经历了一个曲折的过程。从 1956 年到 20 世纪 70 年代初，中国人民解放军装备的是 56 式冲锋枪（自动步枪）。如同 AK 自动步枪，56 式冲锋枪在中国军队使用良好，但到了 20 世纪 60 年代末，与其他步枪相比逐渐落后。于是，81 式自动步枪诞生了，81 式自动步枪与 AK 自动步枪仍有密切联系，依然采用 7.62 毫米 x 39 毫米子弹，但是结构和枪管经过了重新设计，可以采用皮卡汀尼导轨加装战术装备。

20 世纪 90 年代末，随着 QBZ-95 自动步枪的推出，出现了一个更加彻底的变化。QBZ-95 步枪与 AK 系列有了明显不同，采用无托式布局，子弹变为 5.8 毫米 ×42 毫米，这种新型子弹于 20 世纪 80 年代后期研发，被称为 DBP87。这种新武器的一切都是全新的，然而 2000 年初出现的另一种步枪，不是作为 QBZ-95 自动步枪的替代品，而是作为它的补充。

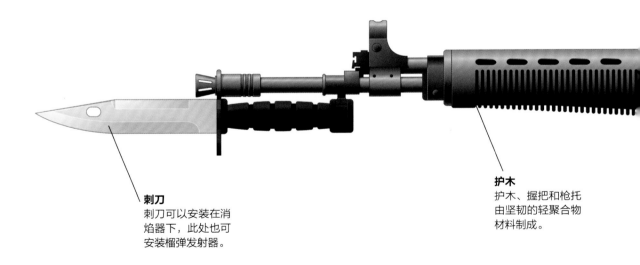

刺刀
刺刀可以安装在消焰器下，此处也可安装榴弹发射器。

护木
护木、握把和枪托由坚韧的轻聚合物材料制成。

QBZ-03 自动步枪与其他步枪没有什么区别，它是中国一支真正意义上的高性能现代突击步枪。

QBZ-03 的灵感来源于早期的 81 式步枪，它是 20 世纪 80 年代中期中国人民解放军的主要武器。

机匣由两部分组成，上半部分安装枪管和枪机组件，下半部分安装了扳机组件、枪托、弹匣接口和握把。

折叠枪托
枪托可沿机匣右侧折叠，折叠后全枪总长度缩短至 725 毫米。

弹匣
可容纳 30 发 5.8 毫米口径子弹的弹匣。

快慢机
可选择半自动或全自动射击。

早期的 QBZ-95 无托式步枪与 QBZ-03 步枪完全不同，但是因为都使用 5.8 毫米口径子弹，射程和杀伤力与 QBZ-03 步枪相似。

过去与未来

　　QBZ-03 自动步枪（简称 03 式）的外观与早期型号的 81 式自动步枪相似。这并不是巧合，03 式自动步枪是在 87 式步枪的基础上演变来的，87 式步枪采用 5.8 毫米口径子弹是 81 式步枪的一个衍生型。03 式自动步枪采用传统的导气式旋转枪机和短行程活塞进行传动。导气活塞位于前部准星处，气体调节器有两个调节位置，一个用于标准射击，另一个用于发射榴弹。在枪口处可以看到一个巨大的消焰器，必要时，它也可以安装榴弹发射器。

两段式枪身

　　这种步枪采用最新的结构和材料技术，包括采用聚合物材料的握把和护木。这些材料可以减轻步枪重量，空枪重 3.5 千克。采用折叠式枪托，枪托不使用时可以折叠并锁定在枪身右侧，便于存放或运输。护木有一个延伸的隔热板，可以通风冷却枪管。枪匣由上下两部分组成：上部包含枪管和枪机组件，下部包含扳机组件、弹匣接口、握把和枪托。枪匣上下两部分仅通过两个插销连接，几秒内就可以完成枪支的分解，便于维修。

　　QBZ-03 自动步枪有两种口径。一种是中国产的 5.8 毫米 ×42 毫米标准子弹，与 QBZ-95 自动步枪一样。然而，随着中国与其他国家的军事融合，该枪出口型使用 5.56 毫米 × 45 毫米北约标准子弹。美国是中国枪支的主要民用市场，因此提供 5.56 毫米口径是明智之举。QBZ-03 自动步枪射速为每分钟 650 发。

　　在瞄准具方面，QBZ-03 自动步枪采用翻转式照门，配合枪管前方的准星，射程为 400 米，

技术参数

尺　　寸	长度：枪托打开 950 毫米 枪托折叠 725 毫米 枪管长度：未知	
重　　量	3.5 千克	
口　　径	5.56 毫米 x 45 毫米 北约标准子弹	
操作方式	导气式	
供　　弹	30 发弹匣	
初　　速	930 米 / 秒	
射　　程	400 米	
射　　速	650 发 / 分钟	

上图所示的 QBZ-03 自动步枪装有刺刀。枪的右视图可以清楚地看到抛壳口及下方的枪机手柄。

QBZ-95自动步枪

QBZ-95 自动步枪（95 式）外观看上去像法国法玛斯突击步枪。有类似的长方形提把，翘起的枪击拉柄位于机匣顶部。提手上安装觇孔瞄准具，与枪管前部的准星相对，也可以安装光学瞄准具，必要时可以安装下挂式榴弹发射器。采用导气式旋转枪机，射速为每分钟 650 发。口径为 5.8 毫米 ×42 毫米或 5.56 毫米 ×45 毫米，后者为北约标准子弹口径（出口型），可以安装标准斯坦纳格弹匣。QBZ-95 自动步枪的改进型号是 2011 年推出的 QBZ-95-1 型，在 QBZ-95 基础上改进了枪管材料，改善了人体工学设计，重新设计了保险的位置。

可以通过安装光学瞄准具和夜视仪来提升有效射程和战术性能。皮卡汀尼导轨安装在机匣顶部，可加装瞄准具。

试验表明，在步枪上安装一个 20 毫米的榴弹发射器，统称为 ZH－05，这使步枪的杀伤性能显著提高。

M110 半自动狙击步枪（2008）

M110 半自动狙击步枪在 800 米的射程内具有精准的杀伤力，2008 年投入使用以来，一直是狙击手和神枪手的热门武器。

M110 SASS 是美国轻武器史上两个名人姓名——瑞得·奈特和尤金·斯通纳的合称。20 世纪 90 年代，他们共同设计了 SR-25 狙击步枪，实际上是一支使用 7.62 毫米 x 51 毫米大威力北约标准子弹的 AR－15 远程半自动步枪。尽管起初主要作为民用狩猎武器，但美军也对这种为狙击手专门研发的武器产生了兴趣，美国海军海豹突击队和海军陆战队采购了 M110，并称之为 Mark 11 Mod 0 狙击步枪。

Mark 11 Mod 0 的技术创新和良好性能，很快受到士兵的欢迎。采用半自动射击模式，使用与 M16 相同的导气式传动机构，使用 10 发或 20 发弹匣供弹。该枪是半自动步枪，没有 M16 系列的全自动射击模式。为确保射击精准度，使用了 510 毫米的重型自由浮动式枪管，该枪管可以安装长消声器。两段式匹配扳机为用户提供了清晰、轻巧和可控的扳机拉力，护木下方的一体式脚架保证了射击稳定性。Mark 11 可使用比赛

枪托
可以根据枪手使用习惯调整枪托长度。

弹匣
可以选择 10 发或 20 发的弹匣。

配备狙击手瞄准具、两脚架和满载弹匣后的 M110 SASS
非常重，约 6.94 千克。

光学瞄准具
标准光学瞄准具是刘坡尔德
3.5 ~ 10 倍昼间光学系统，还
可以安装其他瞄准具。

枪管
自由浮动式重型枪管，可安装消焰
器，消焰器支架位于护木前部。

两脚架
可拆卸的自由旋转式
两脚架由哈利斯两脚
架公司制造。

虽然 M110 使用与 M16 相同的工作机构（仅半自动模式），
但是每个关键部件装配都能达到最高精度。

子弹，可以射击 300 米以上 25 毫米大小的目标。机匣顶部的战术导轨可以安装瞄准具，通常是刘坡尔德 Mark4 密点步枪镜。Mark 11 还具有内置翻转式机械瞄准具，以备光学瞄准具发生故障时使用。

一名美国陆军狙击手通过 M110 的瞄准具观察一个村庄。这把狙击步枪可以击中位于村庄最远处角落里的人物目标。

M110的升级

在伊拉克战争和阿富汗战争期间，美国陆军也开始注意到 Mark 11 Mod 0，发起了一项新型半自动狙击步枪的招标，Mark 11 Mod 0 于 2005 年竞标成功。新型步枪被称为 M110 半自动狙击步枪，然而这不仅仅是对 Mark11 的重新命名，实际上对步枪经过了重大改进，让它成为世界上最好的半自动狙击步枪之一。

M110 半自动狙击步枪（SASS）与 Mark 11 Mod 0 最主要的区别之一是战术导轨系统。半自动狙击步枪使用自由浮动式战术导轨安装瞄准具。还包括一个集成的 600 米射程的折叠式备用机械瞄准具。半自动狙击步枪的枪托设计更符合人体工程学。虽然 M110 半自动狙击步枪与 Mark 11 Mod 0 具有相似的外观尺寸，但它可以自由调节枪托长度。通过枪身右侧的手动旋钮调节枪托尺

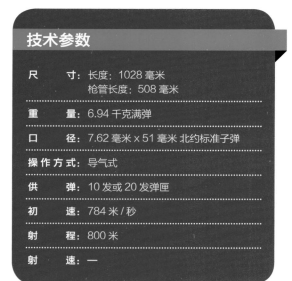

技术参数

尺　　寸：	长度：1028 毫米 枪管长度：508 毫米
重　　量：	6.94 千克满弹
口　　径：	7.62 毫米 x 51 毫米 北约标准子弹
操作方式：	导气式
供　　弹：	10 发或 20 发弹匣
初　　速：	784 米 / 秒
射　　程：	800 米
射　　速：	一

寸，这种精确的调整方式使射手与枪支紧密贴合在一起。与 Mark 11 Mod 0 一样，半自动狙击步枪可以安装消声器，以减小枪口噪声。还有一些细微的改进，比如改进瞄准具安装支架。M110自装备以来，一直在美国战区发挥着重要作用。它不仅是美国陆军的制式武器，也是美国海军陆战队的制式武器。

战场表现

　　M110 半自动狙击步枪自推出以来，一直在美国战区发挥重要作用。它不仅是美国陆军的制式武器，也是美国海军陆战队的制式武器，在实际使用中也存在一些问题。M110 绝不是小巧的武器，装满弹匣，加上所有狙击配件，重量为6.94 千克，安装了消声器后，长度为 1200 毫米。因此，2011 年美国陆军启动了 SASS 改进计划，生产紧凑型半自动狙击步枪（CSASS）。顾名思义，新武器将比半自动狙击步枪更短、更轻。根据陆军的官方标准："与 M110 半自动狙击系统相比，紧凑型半自动狙击步枪将更有效地执行各类任务。 紧凑型半自动狙击步枪将提供以下升级：更高的可靠性、更高的射击精准度和更好的人体工程学，减轻了重量和缩短了长度；采用了高级涂料，改进了光学瞄准具，减小了后坐力，提高了消声器性能，增强了战术导轨功能，改进了两脚架、扳机、握把和枪托。"时间将检验这一切是否能够实现。

狙击手

　　2011 年在阿富汗卡贾基，一名美国陆军士兵正在通过M110 半自动狙击步枪的瞄准具观察敌人的活动。狙击手实际执行的任务范围要比想象中的大得多。除了射杀敌人外，他们还经常隐蔽在前沿阵地进行侦察和收集情报。战术上，他们也可以执行监视任务或者限制敌人的机动能力。

SCAR 突击步枪（2009）

特种作战部队战斗突击步枪（SCAR）是现代模块化步枪的标准。通过改变枪管、口径和选装配件，SCAR 可以执行不同的战斗任务。

SCAR 突击步枪是美国 FN 公司针对 2003 年美国特种部队提出的使用需求研制的。美国特种部队需要一种经过改进的战斗突击步枪，在技术、结构、精准度、火力和模块化方面体现出最新技术。美国 FN 公司与其他 8 家制造商一起参加了竞争，2004 年至 2010 年间，美国 FN 公司完成了新武器 SCAR 的试验、验收和生产，并最终使它服役。

枪族系列

严格地说，SCAR 不是一支步枪，而是一个枪族，其成员取决于模块化组件的组合方式。该

枪托
可伸缩的聚合物材料枪托可以精确贴合射手的身体。

弹匣
这个型号的 SCAR 可使用容量为 10 发或 20 发弹匣。

上图所示的是配备标准枪管的 SCAR
MK16 步枪，金属瞄准具处于直立状态。

战术导轨
战术导轨沿着机匣顶部延伸至
整个机匣长度，可安装光学瞄
准具，金属瞄准具不使用时可
以折叠起来。

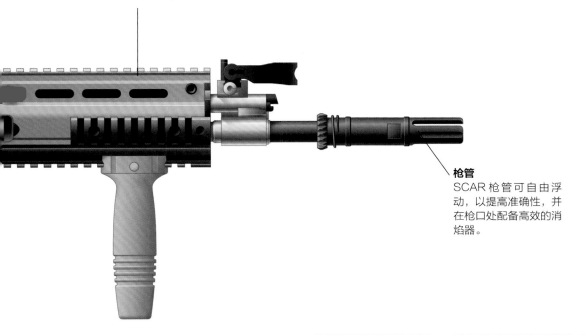

枪管
SCAR 枪管可自由浮
动，以提高准确性，并
在枪口处配备高效的消
焰器。

这种武器是 MK17 CQC，一种 7.62 毫米口径的武器，配
有短枪管和战术前握把，适合近战。

一名美国海军海豹突击队员在阿富汗用 SCAR 瞄准目标。安装光学瞄准具后，这名士兵将能够射击 600 米以内的目标。

枪族的基础是两个机匣：MK16 使用 5.56 毫米 × 45 毫米北约标准子弹；MK17 使用 7.62 毫米 × 51 毫米大威力北约标准子弹。每个机匣可以采用不同长度的枪管。MK16 的可用枪管有：近战枪管 254 毫米；标准枪管 356 毫米；长枪管 457

毫米。MK17 的枪管分别为 330 毫米、406 毫米和 508 毫米。在这些组合方式中，还增加了 MK 13 Mod 0-40 毫米口径下挂式榴弹发射器。

　　SCAR 突击步枪是一款配置灵活的武器，包括近战卡宾枪到轻机枪等不同模式。不管是哪种模式，其核心原理都是一样的。SCAR 是导气式步枪，采用可靠的短行程导气式活塞传动形式。它具有两档气体调节器，第一档用于正常射击，第二档用于安装消声器后提高射速。

　　SCAR 突击步枪采用了先进的材料技术和人体工程学理念。它采用氧化铝上部机匣和复合聚合物下部机匣，两者都非常轻巧坚固。战术导轨可以使战术装备安装在枪身的各个侧面，包括瞄准具、战术手电筒、激光瞄准具、夜视仪和垂直握把。枪托由复合聚合物制成，可以折叠和伸缩，以完全适合射手的身体。快慢机和弹匣释放按钮左右手都可以控制，枪击拉柄可调整为右手或左

技术参数（MK17 CQC）

尺　　寸	长度：枪托打开 889 毫米 枪托完全折叠 826 毫米 枪管长度：330 毫米
重　　量	3.5 千克
口　　径	7.62 毫米 x 51 毫米 北约标准子弹
操作方式	导气式
供　　弹	10 发或 20 发弹匣
初　　速	714 米 / 秒
射　　程	300 米
射　　速	600 发 / 分钟

手操作。

　　SCAR 突击步枪的枪管是锻造而成的，内部镀铬。枪管可自由浮动以确保最佳射击精准度，射手可以在几分钟内更换枪管。对于许多突击枪，只有经验丰富的人员才能更换枪管。MK16 标准射速为每分钟 625 发，MK17 的标准射速为每分钟 600 发。

进一步创新

　　SCAR 步枪的一个特别有趣的衍生型号是热适应步枪（HAMR）。这把 5.56 毫米口径步枪有一个特点，能根据燃烧室内的温度自动地切换开 / 闭膛待击。其实，如果需要发射更强大的火力，热适应步枪可以从一种简单的突击步枪转变为一种轻机枪或班用机枪。

　　在撰写本书时，关于美军内部 SCAR 步枪的确切信息尚不清楚。经过阿富汗战争和伊拉克战争的实战检验，SCAR 热适应步枪足以满足现代战争对火力和精准度的要求。还有 15 个国家采购了这个枪族。

皮卡汀尼导轨

　　最近在轻武器设计方面的一个关键发展是引进了 MIL-STD-1913 "皮卡汀尼导轨"，从早期韦佛式导轨发展而来，1995 年获得美国军事标准授权。皮卡汀尼导轨是一个灵活的安装平台，可以安装枪械配件和战术装备。它是一种采用梯形结构设计，具有许多 T 形截面脊和横槽，可以定位、锁紧配套的战术设备。皮卡汀尼导轨最大的优点就是灵活。导轨可以安装各种附件，包括光学瞄准具、反射瞄准具、夜视装置、激光瞄准具、榴弹发射器、战术手柄、两脚架和刺刀。

　　一些皮卡汀尼导轨可能贯穿整个机匣顶部，而其他较短的版本则可以安装在时钟 3 点、6 点和 9 点位置（取决于枪械的类型）。如右图所示，美国海军海豹突击队队员手持的 SCAR 突击步枪上装有一个光学瞄准具、激光瞄准具、战术照明灯和战术握把，使之成为一个比较复杂的武器平台。

AK-12 突击步枪（2012）

AK-12 突击步枪的有趣之处在于展示了 AK 步枪史的发展演变。如同许多现代突击步枪一样，AK-12 也注重模块化战术配件。

2012 年 1 月，俄罗斯伊孜玛什军工厂向世界媒体展示了新型俄罗斯突击步枪，即 AK-12 突击步枪。与其他突击步枪一样，AK-12 被提出作为 AK-74 的替代品，使俄罗斯制式武器能够适应现代战争。到目前为止，这个更替还未完成，因为俄罗斯武器库里还有几十万支完全可用的 AK-74，他们正在考虑升级这些装备，并在未来几十年内出口到世界各地的军火市场。

布局

AK-12 突击步枪已被人们所熟知。例如，工作机构与 AK-74 步枪相同，采用长行程活塞传动，导气式旋转枪机。通过 AK-12 的整体布局很容易辨认出它是 AK 枪族的一员，导气管在

AK-12 有许多先进的功能，特别是在布局方面。设计精度很高，在光学瞄准具辅助下，射程可达 600 米。

枪托
枪托的长度和贴腮板的
位置都是可调的。

枪管上方，并使用相同的弹匣释放开关。随着对 AK-12 了解的不断深入，还会发现很多不同之处。

AK-12 的机匣采用了不同的设计，刚性更强，为了便于拆卸，铰接机构安装在机匣盖的前部。像 AK-74 那样，AK-12 通过按入机匣后部卡扣来打开机匣盖。战术导轨贯穿整个机匣盖，可以根据不同需求安装瞄准具和战术装备，步枪标配 AK 机械瞄准具。瞄准具通常位于机匣后部，有些图片上瞄准具位于机匣中部（这个位置在前一页剖面图上有展示）。

AK-12 突击步枪枪机拉柄的位置比 AK-74 更靠前，可以根据射手习惯将其切换到步枪的一侧。步枪使用更加灵活，保险和快慢机开关用左右手均可操作。AK-12 的设计模式比大多数现代突击步枪要多，包括保险、单发射击、三发点射和连发射击。三发点射速度为每分钟 1000 发，比连发射击每分钟 650 发的射速要高，能以闪电般的速度将三发子弹射向目标。

从枪身设计看，AK-12 突击步枪有一个全

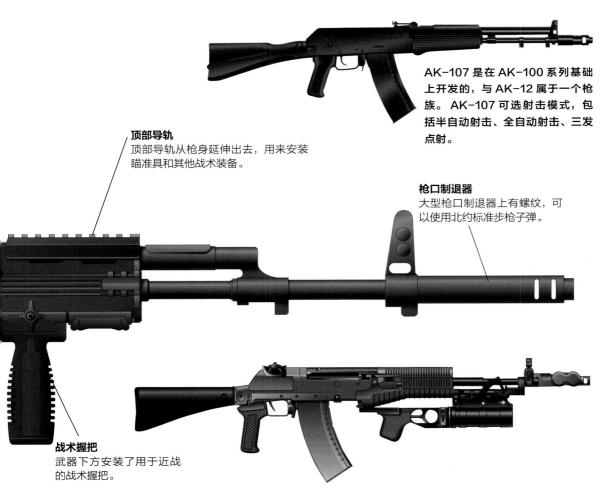

AK-107 是在 AK-100 系列基础上开发的，与 AK-12 属于一个枪族。AK-107 可选射击模式，包括半自动射击、全自动射击、三发点射。

顶部导轨
顶部导轨从枪身延伸出去，用来安装瞄准具和其他战术装备。

枪口制退器
大型枪口制退器上有螺纹，可以使用北约标准步枪子弹。

战术握把
武器下方安装了用于近战的战术握把。

AN-94 是 AK-12 更高级的替代品，采用了一种"改变后坐力"的枪机后坐机制，连续两次射击只会产生一次后坐。

新的侧向折叠可伸缩枪托，可以根据射手手臂的长度进行自由调节，也可以调节枪托上的贴腮板，以确保据枪瞄准的稳定性。护木有两种型号：一种型号有三个皮卡汀尼战术导轨，每个枪面都有一个，可安装各种战术装备；另一种型号没有底轨，适合安装 40 毫米口径榴弹发射器。精心的设计使 AK-12 突击步枪成为便于操作的步枪。

枪管选项

AK-12 突击步枪的一个关键特点是模块化口径。通过使用不同的枪管组件改装成不同口径。轻型 AK-12 突击步枪可以选用以下规格的子弹：5.42 毫米 x 39 毫米、5.56 毫米 x 45 毫米、6.5 毫米 x 39 毫米和 7.62 毫米 x 39 毫米。重型则配备大威力步枪子弹，如 7.62 毫米 x 51 毫米北约标准子弹。这种可变口径的设计方式具有很好

的商业价值，打开了很多的海外市场。

总之，对于 AK-74 来说，AK-12 突击步枪是一个非常好的选择。俄罗斯正在生产一些新型突击步枪，包括使用 5.56 毫米 x 45 毫米北约标准子弹的 AK-101 突击步枪，主要销往海外市场。AK-102、AK-103、AK-104 和 AK-107，都是在 AK-101 基础上对口径和长度进行了改良。更激进的 AN-94 突击步枪可以以每分钟 1800 发的射速进行两发点射。卡拉什尼科夫的作品还将长期存在。

技术参数

尺　　寸：	长度：枪托打开 945 毫米 枪托完全折叠 725 毫米 枪管长度：415 毫米
重　　量：	3.3 千克
口　　径：	5.42 毫米 x 39 毫米、5.56 毫米 x 45 毫米、6.5 毫米 x 39 毫米、7.62 毫米 x 39 毫米
操作方式：	导气式
供　　弹：	30 发或 60 发弹匣，95 发弹鼓
初　　速：	900 米 / 秒，使用 5.45 毫米 x 39 毫米子弹
射　　程：	600 ~ 800 米
射　　速：	650 发 / 分钟

可选择的射击模式

射手可以根据战术需要和弹药情况选择不同的射击模式。现代武器主要有三种射击模式。半自动射击模式是指每扣动一次扳机发射一发子弹，被认为是精准度最高的射击模式，往往用于射击较远目标或弹药不足的情况。全自动射击意味着只要扣下扳机，就会一直开火。全自动射击精准度较低，是面对近距离快速移动的目标或进行火力压制的最佳射击模式。点射通常是指扣动一次扳机发射两发或三发子弹。点射的意义在于触发一次扳机就会进行一次集火射击，尽可能地消灭敌人。